Monika Neumeier

Igel im Garten

HELFEN | PFLEGEN | BEOBACHTEN

scannen & erleben

KOSMOS

INHALT

DIE WEGWEISER ZUM TIERFREUNDLICHEN GARTEN

alles im Überblick

Am Anfang des Kapitels finden Sie das Wichtigste auf einen Blick. Seitenverweise führen Sie gezielt zu den ausführlichen Informationen.

alles Wissenswerte

Abgeschlossene Doppelseiten bieten weiterführende Informationen zu den Themen. Entweder lesen Sie von hier aus weiter oder Sie gehen zurück zur Übersichtsseite, um das nächste Thema auszuwählen.

alle Extras

Das könnte Sie auch noch interessieren, denn hier finden Sie Themen, die über das Wesentliche hinausgehen. Diese Seiten sind kein Muss, machen aber neugierig und Lust auf mehr.

BIOLOGIE

SCANNEN & ERLEBEN

QR-Codes im Buch scannen: Der schnelle Zugang zu weiteren Infos rund um Ihre Pflanzen. Mit diesem Code oder unter www.m.kosmos.de/14246/t1 gelangen Sie zur Übersicht der QR-Codes. Wir empfehlen Ihnen, eine WLAN-Verbindung zu nutzen, um lange Ladezeiten zu vermeiden.

DER GARTEN

alles im Überblick

alles Wissenswerte

alle Extras

IGELPFLEGE

alles im Überblick

alles Wissenswerte

alle Extras

Herkunft & Lebensart
BIOLOGIE

LEBENSWEISE DER IGEL

S. 12

Keine Vegetarier

Davon ernähren sich Igel am liebsten:

- ❑ Käfer
- ❑ Schmetterlingslarven
- ❑ Regenwürmer
- ❑ Ohrwürmer
- ❑ Käferlarven

Ab und zu vertilgen Igel auch Schnecken, Mücken, Fliegen, Hundert- und Tausendfüßer.

S. 14

Von Kopf bis Fuß

Igel auf der Pirsch benützen vor allem ihre Nase und ihre Ohren, denn die nächtliche Lebensweise der Igel erfordert ein anderes Wahrnehmungsvermögen als die tagaktiver Tiere. Erstaunlich ist auch ihr Gedächtnis, das ihnen, verbunden mit einer bemerkenswerten Lernfähigkeit, die Orientierung in ihrem Lebensraum erlaubt. Das kleine Stacheltier hat seine Sinne über Jahrmillionen optimiert!

S. 16

24 TAGE NACH DER GEBURT VERLASSEN DIE JUNGEN DAS ERSTE MAL DAS NEST ZU KURZEN AUSFLÜGEN.

S. 18

Wie alt werden Igel?

Igel sehen sich im Allgemeinen sehr ähnlich. Deshalb meint mancher Gartenbesitzer, „sein" Igel lebte schon fünf, zehn oder gar fünfzehn Jahre bei ihm. Dem ist leider nicht so, nur sieben von tausend Igeln erreichen ein Alter von sieben Jahren oder mehr, die meisten sterben schon vor ihrem ersten Geburtstag.

S. 24

Igelnester

Sie sind oftmals Kunstwerke, mit viel Sachverstand, Kreativität und Mühe erbaut. Leider erkennt man sie häufig erst dann, wenn sie zerstört wurden.

S. 22

Igel im Winterschlaf

„Der kleine Tod" wird der Winterschlaf auch genannt. Dank dieser Strategie, mit der Igel monatelang ohne Nahrung auskommen, gelingt das Überleben der nahrungsarmen Zeit. Eine spannende Frage: Wie viel muss ein Igel vor dem Winterschlaf wiegen, damit sein Speckpolster bis zum nächsten Frühjahr reicht?

Vorfahren & VERWANDTE UNSERER HEIMISCHEN IGEL

EIN TIER AUS DER URZEIT: Igel gehören entwicklungsgeschichtlich zu den ältesten noch existierenden Säugetierarten. Als gegen Ende der Kreidezeit viele Reptilien und auch die Dinosaurier ausstarben, traten erstmals höhere Säugetiere auf. Zu ihnen zählten auch die Urformen der Insektenfresser, die sich in die Arten der Goldmulle, Tenreks, Spitzmäuse und Igel aufspalteten. Die meisten Tiere, die seitdem entstanden, sind schon lange wieder ausgestorben. Die Familie der Igel überlebte jedoch bis heute. Sie ist fast über den ganzen Erdball verbreitet, nur auf dem amerikanischen Kontinent verschwand sie wieder. In Europa leben die Igel in ihrer jetzigen Form seit etwa 15 Millionen Jahren.
Während der Eiszeiten vor rund 1,6 Millionen Jahren wichen die Stacheltiere, die den damaligen europäischen Kontinent besiedelten, zum einen Teil ins wärmere Spanien, nach Frankreich und Italien aus, während sich ein anderer Teil in Südosteuropa niederließ. Diese Trennung, die über 700 000 Jahre dauerte, brachte letztendlich zwei neuzeitliche Igelarten hervor – den West- und den Ostigel.

Igelartiges Urzeit-Säugetier *Macrocranium tenerum* bewegte sich hüpfend vorwärts. Sein Alter wird auf 50 Millionen Jahre geschätzt.

Kasachischer Langohrigel Diese Igelart zeichnet sich durch ein besonders weiches Bauchfell aus.

Die Familie der Igel

Die Einteilung der Igelarten hat sich immer wieder geändert. Heute geht man von fünf Gattungen aus, die sich in 16 Arten mit insgesamt 28 Unterarten gliedern.

- **Kleinohrigel** (*Erinaceus*): Zu ihnen zählt unser einheimischer Igel, der West- oder Braunbrustigel (*Erinaceus europaeus Linné,* 1758). Er bewohnt Westeuropa, außerdem Skandinavien. Sein Nachbar, der Ost- oder Weißbrustigel (*Erinaceus roumanicus*), besiedelt Osteuropa, zum Beispiel neben Ungarn, Kroatien, Griechenland auch Polen, die Ukraine und Russland bis nach Sibirien. *Erinaceus concolor* hat sich hingegen in Kleinasien, u. a. in Israel, Syrien, Iran und Irak, ausgebreitet. Erinaceus amurensis lebt in Teilen Chinas, Koreas und Russlands.
- **Afrikanische Igel** (*Atelerix*): Der größte dieser Art ist der Algerische Igel (*Atelerix algirus*). Er ist in den Küstenregionen Nordafrikas beheimatet. Außerdem lebt er auf einigen Inseln der Balearen und Kanaren sowie auf Malta und Djerba. Zu den Atelerix-Arten gehören außerdem der Kapigel (*Atelerix frontalis*), der in Südafrika und Angola vorkommt, der in Somalia lebende Sclaters Igel (*Atelerix sclateri*) sowie der Weißbauchigel (*Atelerix albiventris*). Der Weißbauchigel ist in den Savannen und Steppen Mittelafrikas weit verbreitet.
- **Langohrigel** (*Hemiechinus*): Diese Gattung erkennt man an ihren großen, beweglichen Ohren. Man unterscheidet zwei Arten, *Hemiechinus auritus* und *Hemiechinus collaris*, den Kragenigel. *Hemiechinus auritus*, ein Wüsten- und Steppenbewohner, ist in einem riesigen Gebiet verbreitet, das von der östlichen Ukraine bis in die Steppenzonen der Mongolei im Norden und von Libyen über West-Pakistan bis nach China im Süden reicht. Der Kragenigel kommt in Pakistan und im nordwestlichen Indien vor.
- **Steppenigel** (*Mesechinus*): *Mesechinus dauuricus* lebt im Nordosten Chinas, außerdem im östlichen Teil der Mongolei und in einem Teil des südöstlichen Russland. *Mesechinus hughi* hingegen bewohnt einige wenige chinesische Provinzen.
- **Wüstenigel** (*Paraechinus*): Neben dem Äthiopischen Igel (*Paraechinus aethiopicus*) gehören Brandts Igel (*Paraechinus hypomelas*), der Indische Igel (*Paraechinus micropus*) und der ebenfalls in Indien lebende *Paraechinus nudiventris* („Nacktbauchigel“) zu dieser Gattung. Der Äthiopische Igel mit seinem dunklen Gesicht und dem breiten, gut abgesetzten, weißen Streifen über der Stirn kommt in Nordafrika, den Randgebieten der Sahara, in Arabien und dem Irak vor. *Paraechinus hypomelas* ist hauptsächlich in Turkmenistan, dem Iran, in Afghanistan und in Pakistan vertreten. ■

IGELARTEN Eine Übersicht und systematische Einteilung der auf der Welt vorkommenden Igelarten und ihrer Unterarten finden Sie hier oder unter www.m.kosmos.de/14246/tb2

Der Lebensraum UNSERER IGEL

FÜR IGEL ATTRAKTIVE LEBENSRÄUME weisen unterschiedliche Strukturen auf. Ein abwechslungsreicher Bewuchs aus Hecken, Gebüsch, Bodendeckern, verfilztem Altgras und kleinen Gehölzen, unterbrochen von kurz gehaltenen Wiesenflächen, bietet Unterschlupf und Nistgelegenheit, aber auch ein vielfältiges Nahrungsangebot. Die Räume, in denen Igel während ihrer Aktivitätsperiode – vom Frühjahr bis zum Spätherbst – umherwandern, sind erstaunlich groß: In ländlichen Gebieten können die Aktionsräume der Männchen manchmal mehr als 100 Hektar umfassen, die der Weibchen sind wesentlich kleiner. Nicht nur das Nahrungsangebot spielt beim Flächenanspruch eine Rolle, für die Igelmännchen ist auch die Verteilung der Weibchen ausschlaggebend. Igel sind Einzelgänger, dennoch verteidigen sie ihr Gebiet nicht gegen Artgenossen.

Monokulturen Die Verwendung von Insektiziden und schweren Maschinen lässt „tierfreie“ Äcker entstehen.

Der Igel als Kulturfolger

Die Chance, im eigenen Garten einen Igel zu beobachten, ist heutzutage besser als noch vor 50 Jahren. Der Grund dafür liegt aber kaum in einer Vergrößerung des Bestands. Igel sind Kulturfolger geworden, weil ihr ursprünglicher Lebensraum – die mit mannigfaltiger Vegetation bewachsene Feldflur und ihre Saumbiotope und das mit dieser Vielfalt einhergehende abwechs-

DIE ROTE LISTE Es gibt keine flächendeckende Bestandsaufnahme der Igelpopulationen in Deutschland. Informationen finden Sie auch unter www.m.kosmos.de/14246/tb3

Guter Lebensraum Igel leben heutzutage hauptsächlich in gartenreichen Stadtrandgebieten und in Dörfern.

lungsreiche Nahrungsangebot – durch menschliche Eingriffe zerstört wurde. Die Igel passten sich den Verhältnissen weitgehend dadurch an, dass sie Siedlungen und deren unmittelbare Umgebung als Lebensraum nutzen.

Bedrohung durch den Menschen

Die „Verinselung" der Lebensräume zeigt sich dem Beobachter vom Flugzeug aus: hier ein Dorf mit üppigem Baum- und Buschbestand, daneben Ackerflächen, so weit das Auge reicht, dann wieder eine Kleinstadt mit vielgestaltigem grünem Bewuchs. Der Einsatz von Kunstdünger und Bioziden verstärkt noch den Isolierungseffekt der landwirtschaftlichen Monokulturen. Wo es nichts zu fressen gibt, kann kein Tier leben.
Auch breite und stark befahrene Verkehrswege sind fast unüberwindbare Begrenzungen der verbleibenden Lebensräume. Sind Igelvölker erst einmal voneinander isoliert, können Seuchen, aber auch Inzucht und in deren Folge Genveränderungen zum abrupten Erlöschen einer Population führen. Überdies werden auf Deutschlands Straßen Jahr für Jahr Hunderttausende Igel überfahren. Zusätzlich sterben viele noch unselbstständige Jungtiere, weil deren Mutter dem Verkehr zum Opfer fiel. ■

DIE NATÜRLICHEN FEINDE

Igel stehen auf der Speisekarte von Dachs und Uhu, die sie mit ihren kräftigen, unempfindlichen Krallen ohne Schwierigkeiten erlegen können. Auch der Waldkauz wird verdächtigt, gelegentlich einen Igel zu töten. Marder, Iltisse, Wildschweine und Füchse erbeuten eher junge oder kranke Stacheltiere. Kranke und schwache Igel sind oftmals bei Tag zu sehen und werden deshalb hin und wieder von Krähen oder Elstern attackiert. Manchmal wird von winterschlafenden und deshalb wehrlosen Igeln berichtet, die abgenagte Stacheln und sogar tiefe Wunden aufwiesen. Diese könnten von Ratten oder Mäusen verursacht worden sein.

DIE NATÜRLICHE *Nahrung*

ÜBER DIE NATÜRLICHE NAHRUNG DER Igel weiß man recht gut Bescheid. Mehrere Forscher untersuchten die Magen- und Darmtrakte überfahrener Igel oder nahmen Igelkot unter die Lupe. Gesunder Igelkot besteht aus 3 bis 6 cm langen und bis 1 cm dicken, dunkelbraunen bis schwarzen Würstchen. Igel fressen in erster Linie Laufkäfer und deren Larven, Nachtschmetterlingsraupen, Regenwürmer und Ohrwürmer. Einen kleineren Anteil an der Ernährung haben Hundert- und Tausendfüßer, Schnakenlarven, Asseln, Ameisen, Spinnen, Bienen und Wespen. Im Gegensatz zur Volksmeinung sind Igel nicht die großen Schneckenvernichter. Die Menge der verzehrten Nackt- und Gehäuseschnecken beträgt nur etwa 6 % des Nahrungsvolumens. Gelegentlich lassen sich die Stachelritter auch Aas schmecken.

Gute Kost Ein wichtiges Nahrungstier für den Igel ist der Regenwurm, vor allem im Frühjahr und im Herbst..

Igel sind keine Vegetarier!

Neben der tierischen Nahrung fand man in den Igelmägen und -därmen auch pflanzliche Überreste. Es handelte sich dabei meist um Gras, das teils aus dem Verdauungstrakt von Regenwür-

ZUSAMMENHANG ZWISCHEN KÖRPER-/DARMLÄNGE UND ERNÄHRUNGSWEISE

Lebewesen	Verhältnis Körperlänge zu Darmlänge	Nahrungskategorie
Katze	1:3	Fleischfresser
Igel	1:6	Insektenfresser
Mensch	1:10	Allesfresser
Schwein	1:14	Allesfresser
Rind	1:20	Pflanzenfresser

BEDEUTUNG DER NAHRUNGSTIERE FÜR DEN IGEL (NACH WROOT, 1984)

Nahrungstiere	Bedeutung für die Ernährung	Prozentualer Anteil an der Futterbruttoenergie*
Käfer	sehr wichtig	27,9–56,3 %
Schmetterlingslarven	sehr wichtig	17,7–43,1 %
Regenwürmer	sehr wichtig	12,3–33,9 %
Ohrwürmer	wichtig	1,5–10,5 %
Käferlarven	wichtig	0,4–10,5 %
Schnecken	weniger wichtig	1,3–5,6 %
Mücken und Fliegen	weniger wichtig	2,9–7,0 %
Hundert- und Tausendfüßer	weniger wichtig	0,3–2,2 %
Asseln	unbedeutend	0,1–1,1 %

*Die Futterbruttoenergie schließt auch die Energie mit ein, die Igel nicht verwerten können, z. B. Flügeldecken und Chitinskelett von Käfern.

mern oder Raupen stammte, teils vom Igel versehentlich mit dem Lebendfutter aufgenommen, aber weder zerkaut noch verdaut worden war.
Paradox ist, dass dem Igel häufig eine pflanzliche Ernährung unterstellt wird, trotz seiner allgemein bekannten Zugehörigkeit zu den Insektenfressern. Wegen seines relativ kurzen Darms ist ihm die Verwertung pflanzlicher Stoffe nicht möglich. Sieht man einen Igel an Fallobst, klaubt er dort meist nur die Insekten ab. In Zeiten, in denen Insektennahrung rar ist, wird ein hungriges Stacheltier vielleicht auch an einem Apfel nagen, von „Ernährung" kann man dabei aber nicht sprechen.
Im Gegensatz zu den meisten Pflanzen sind Insekten eiweißreich, fetthaltig und kohlenhydratarm. So enthalten 100 g Insekten und Weichtiere in der Mischung, wie sie der Igel durchschnittlich zu sich nimmt, 15,7 % Eiweiß, 4,1 % Fett, 1,9 % Kohlenhydrate. 100 g Apfel dagegen haben nur 0,3 % Eiweiß, 0,6 % Fett, aber 11 % Kohlenhydrate.
Welche Nahrungstiere ein Igel frisst, hängt von der Jahreszeit ab. Laufkäfer kommen vorwiegend in den Sommermonaten vor, Schmetterlingslarven in nennenswerter Menge eher im Frühjahr. Die Nahrungstiere der Igel haben ihren eigenen biologischen Rhythmus. Igel sind fähig, sich diesen Schwankungen anzupassen. ■

Auf Nahrungssuche Wohlgenährt und dennoch hungrig streift dieser Igel durch den Garten.

Von Kopf BIS FUSS

IGELBABYS KOMMEN MIT EINEM GEWICHT von 12 bis 25 g auf die Welt. Mit drei Wochen brechen die Milchzähne durch, die bald durch die bleibenden Zähne ersetzt werden. Im Oberkiefer eines erwachsenen Tieres befinden sich 20, im Unterkiefer 16 Zähne. Bei der Geburt sind Igel ungefähr 6 cm lang. Ausgewachsene Igel erreichen eine Länge von 23 bis 26 cm (ohne Schwanz) und ein Gewicht von 800 bis 1300 g. Männchen sind größer und schwerer als Weibchen.

Das Stachelkleid

Igelstacheln sind umgebildete Haare und beim erwachsenen Tier etwa 24 mm lang. Sie sind je nach Alter des Igels weiß bis gelblich und braun gebändert. Bei der Geburt besitzt ein Igeljunges etwa 100, im Alter von drei Wochen schon etwa 2000 Stacheln. Ein ausgewachsener Igel ist mit rund 7000 Stacheln bewehrt. Die Stacheln bilden ein sehr wirkungsvolles Verteidigungssystem:

Nase und Ohren Das sind die wichtigsten Sinnesorgane des Igels. Die Sehfähigkeit ist hingegen nicht so stark ausgeprägt.

Albino-Igel Igel mit beigefarbenen Stacheln, rosa Haut und roten Augen sind selten und setzen sich in der Natur nicht durch.

Auf der Pirsch So witternd und die Umgebung mit allen Sinnen einsaugend, muss man sich einen Igel auf der Pirsch vorstellen.

Selbstbespeicheln Dieser Igel speichelt sich unter abenteuerlichen Verrenkungen ein und fällt dabei fast um.

Fühlt sich ein Igel bedroht, rollt er sich blitzartig zu einer Kugel ein und schützt damit seine verwundbaren Körperteile. Im Zweikampf stellen Igel die Kopfstacheln auf und ziehen sie wie eine Kapuze in die Stirn.

Die Sinnesorgane

Die Nase ist das wichtigste Sinnesorgan des Igels. Mit ihrem hervorragenden Geruchssinn spüren Igel Nahrung und Artgenossen auf. Bei einem aktiven, gesunden Igel ist die Nase immer feucht. Je feuchter die Nasenschleimhäute sind, desto intensiver kann der Igel Gerüche wahrnehmen. Die sensiblen Igelohren spielen bei der Nahrungssuche ebenfalls eine wichtige Rolle. Igel hören Frequenzen bis weit in den Ultraschallbereich hinein (über 20 000 Hertz). Schlüsselklappern oder das Anknipsen eines Lichtschalters lassen sie heftig zusammenzucken.
Da Igel Nachttiere sind, ist ihr Sehvermögen von untergeordneter Bedeutung. Außer Graustufen können sie angeblich Gelb und Blau voneinander unterscheiden.
Igel können verschiedene Geschmacksrichtungen – süß, sauer, salzig und bitter – erkennen. Bei Fressversuchen stellte sich heraus, dass Jungigel häufiger Asseln fressen als erwachsene Igel. Letztere haben mehr Erfahrung, sind geschickter und schneller. Sie lassen Asseln, die zwar leicht zu fangen sind, aber unangenehm schmecken, links liegen und suchen lieber wohlschmeckende Käfer. Nicht nur die langen Barthaare der Igel, auch ihr seitlicher Haarsaum reagiert empfindlich auf Berührungen. Diese Haare dienen – ebenso wie der „Vibrationssinn", mit dem Bodenerschütterungen erspürt werden – der Wahrnehmung von Beute oder Feinden.
Unbekannte Stoffe oder neue Gerüche prüft der Igel mit dem „Jacobsonschen Organ". Dieses zusätzliche Sinnesorgan sitzt zwischen Rachen- und Nasenhöhle. Zunächst bekaut oder beriecht der Igel den fremden Stoff, wobei er schaumigen Speichel produziert. Hat er die Sinneseindrücke verarbeitet, spuckt er den Speichel unter sonderbarsten Verrenkungen auf seinen Rücken.

Lautäußerungen

Bei Gefahr fauchen oder tuckern Igel wie ein Lokomotivchen. Besonders laut sind diese Geräusche beim Paarungsspiel. Das selten zu hörende helle Keckern ist ein Ausdruck von Angst und Aggression. Eine Steigerung stellen die durchdringenden Schmerzens- oder Angstschreie dar, die wie das Kreischen einer Eisensäge klingen. Igelsäuglinge zwitschern wie Vögel, wenn sie Hunger haben oder die Mutter vermissen. ■

PAARUNG UND *Aufzucht der Jungen*

IGELMÄNNCHEN UND -WEIBCHEN lassen sich nur durch die verschiedene Anordnung und Form ihrer Geschlechtsorgane sicher unterscheiden. Die Penisöffnung der Männchen liegt als knopfförmiges, hautiges Gebilde in der Mitte der hinteren Körperhälfte, etwa da, wo man den Nabel vermuten würde. Die Hoden sind äußerlich nicht erkennbar. Die Scheide der Weibchen befindet sich unmittelbar vor dem After.

Der kleine Unterschied Ob Männchen (links) oder Weibchen (rechts) erkennt man am Sitz der Geschlechtsorgane.

Fortpflanzung

Igel paaren sich je nach geografischer Lage und Klima in den Monaten April bis August. In der Rheinebene und ihrer Umgebung kommt fast die Hälfte der Jungen bereits im Juni zur Welt, in allen anderen Gegenden Deutschlands sind die geburtenstärksten Monate August (59 %) und September (33 %).

Auf der Suche nach einer Partnerin legt ein männlicher Igel große Strecken zurück und nimmt sich kaum Zeit zur Nahrungssuche. Hat er ein Weibchen ausfindig gemacht, umwirbt er es, indem er es immer wieder umkreist. Diese Paarungszeremonie, man nennt sie das „Igelkarussell", zieht sich oft über Stunden hin. Die Auserwählte ziert sich zunächst und „boxt" den Freier mit dem Kopf fort. Droht ein männlicher Rivale dazwischenzufunken, wird das Männchen ihn nach Möglichkeit vertreiben. Nicht selten nützt das Weibchen die Gelegenheit, um sich aus dem Staub zu machen.

In der Natur werfen Igel meist erstmals im zweiten Lebensjahr. Gut genährte Igel in häuslicher Pflege, die nicht einzeln gehalten werden und denen man den Winterschlaf verweigert, können schon mit fünf Monaten trächtig werden, sind aber mit der Aufzucht der Jungen überfordert.

Neugeboren 36 Stunden nach der Geburt beginnen die dunklen Stacheln der zweiten Stachelgeneration zu wachsen.

Igeljunge Ein Jungigel erkundet die Umgebung seines Nests. Erst mit sechs Wochen ist er selbstständig.

Paarung

Das Männchen besteigt seine Partnerin von hinten. Dabei legt diese die Stacheln an und drückt ihren Leib flach an den Boden. Nach der Paarung trennen sich die Igel schnell wieder und das Männchen sucht nach dem nächsten paarungswilligen Weibchen. Eine „Ehe“ gibt es bei Igeln also nicht. Vielmehr scheidet der Igelmann so als Nahrungskonkurrent aus, was dem trächtigen Weibchen und später seinen Jungen zugute kommt.

Geburt und Jungenaufzucht

Die werdende Igelmutter baut ein sorgfältig ausgepolstertes Nest, in dem sie nach einer Tragzeit von 35 Tagen durchschnittlich fünf Junge zur Welt bringt.
Bei der Geburt sind die weißen Stacheln der Igelsäuglinge in die rosarote, aufgequollene Rückenhaut eingebettet, sodass sie den Geburtsgang der Mutter nicht verletzen können. Die Jungen kommen mit geschlossenen Augen und Ohren zur Welt; sie öffnen sich zwischen dem 14. und 18. Lebenstag. Um den 21. Tag stoßen die Milchzähnchen durch, vom 24. Tag an verlassen die Kleinen das Nest zu kurzen Ausflügen, bei denen sie versuchen, selbst Nahrung zu finden. Die Mutter zeigt ihnen weder Beutetiere, noch hilft sie bei der Jagd. Natürlich ergattern die Kleinen anfangs nicht genug, um ihren Hunger zu stillen. Deshalb säugt sie die Igelin noch bis zur sechsten Lebenswoche. In dem Maß, wie die Jungigel lernen, Beute zu machen, nimmt der Anteil der Muttermilch ab.
Von der Paarung bis zur Selbstständigkeit der Jungen verstreichen fast drei Monate. In unseren Breiten wird daher im Allgemeinen nur ein Wurf pro Aktivitätsperiode aufgezogen. Denkbar ist aber ein „Ersatzwurf“, wenn der erste Wurf nicht überlebt. ■

Lebenserwartung UND ALTER

DAS EXAKTE ALTER EINES ERWACHSENEN IGELS lässt sich nur am toten Tier feststellen. Man kann mit einem ziemlich aufwändigen Verfahren die Wachstumslinien am Kieferknochen des Igels bestimmen: Während der aktiven Zeit im Sommer wächst der Knochen, im Winterschlaf stagniert das Wachstum.

Grobe Anhaltspunkte für das Alter eines Igels lassen sich allerdings auch aus seinem Äußeren ableiten. Normalerweise gilt: Je kleiner ein Igel, desto jünger ist er. Allerdings können Krankheit und Nahrungsmangel das Körperwachstum hemmen, weshalb ein Tier älter sein kann, als sein Körpergewicht vermuten lässt. Im März oder April gefundene Igel mit nur 200 bis 300 g sind also nicht ein paar Wochen, sondern mindestens ein halbes Jahr alt. Igel erreichen ihre endgültige Körperlänge und -masse erst mit zwei Jahren.

Auch die Zähne des Igels geben ungefähr Aufschluss über sein Alter. Bei jungen Tiere sind die Höcker der Backenzähne sehr spitz, mit zunehmendem Alter nützen sie sich ab, sodass die Kauflächen bei sehr alten Igeln ganz glatt und die Zähne sehr niedrig sind.

Aus der Färbung der Stacheln lässt sich ebenfalls grob auf das Alter schließen. Bei jungen Igeln sind die hellen Anteile der Stacheln weiß bis beige, mit zunehmendem Alter verfärben sie sich ins Gelbliche. Alte Igel leiden unter Stachelverlust, Taubheit, Gebissschäden sowie Ergrauen und Verschwinden der Gesichtshaare.

Zwei Generationen Unter den wachsamen Augen der Mutter wagen sich die Igeljungen das erste Mal aus dem Nest.

Die Erhaltung der Art

Die höchste Sterblichkeit ist im ersten Lebensjahr zu verzeichnen. Sie wird mit 60 bis 80 % angegeben. Vor allem der erste Winterschlaf fordert bei den Jungigeln viele Opfer. Obwohl diese Todesrate erschreckend hoch scheint, genügen die

Überlebenden doch, um die Art zu erhalten, wenn man davon ausgeht, dass ein Igelweibchen zweimal in seinem Leben einen durchschnittlich großen Wurf von fünf Jungen bekommt. Theoretisch muss nur je ein Junges aus den beiden Würfen erwachsen und fortpflanzungsfähig werden, damit die Anzahl der Igel gleich bleibt.

Wie alt wird ein Igel?

Einjährige Jungigel haben eine gut 50%ige Chance, zwei Jahre alt zu werden. Von den Zweijährigen wiederum vollenden 80 % auch das dritte Lebensjahr. Danach nimmt die Lebenserwartung stark ab: Nur noch 30 % der Dreijährigen erleben ihren vierten Geburtstag.

Ein siebenjähriger Igel ist in der Natur eine absolute Seltenheit. In der Gefangenschaft können Igel im Allgemeinen ein höheres Lebensalter erreichen, denn sie sind dann vor Gefahren geschützt, werden medizinisch betreut und gleichmäßig gut ernährt. Ein blinder Igel, der sein Leben in einem Freigehege verbrachte, starb mit zehn Jahren und acht Monaten. Diese Tatsache sollte aber niemanden auf die Idee bringen, einen gesund gepflegten Igel nicht mehr frei zu lassen. Damit würde nicht nur gegen das Bundesnaturschutzgesetz verstoßen, man erwiese dem Igel auch keinen Gefallen, denn man verweigerte ihm jegliche Lebensqualität. „Leben" bedeutet für ein Tier – ebenso wie für uns Menschen – mehr als nur essen und schlafen.

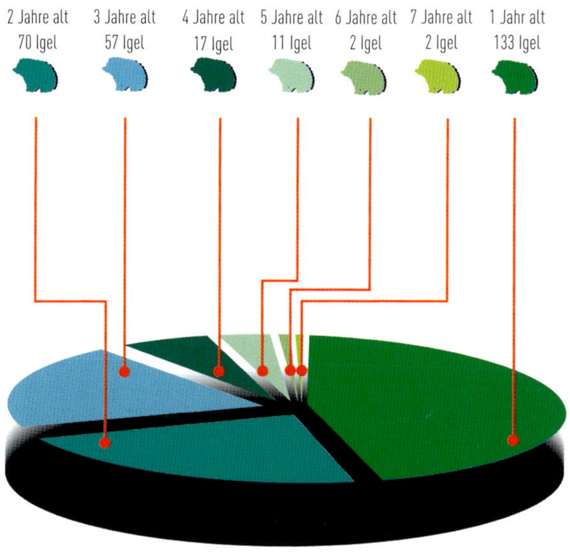

Um ein Bild von der Altersstruktur einer Igelpopulation zu bekommen, markierte ein Dresdener Igelforscher mehrere Jahre lang sowohl in häuslicher Obhut gepflegte und wieder ausgewilderte Jungigel als auch Wildigel. Von diesen insgesamt 292 Igeln erreichten nur zwei Tiere das siebte Lebensjahr.

Lebenserwartung Altersstruktur einer Igelpopulation (aus Abschlussbericht der „Forschungsgruppe Igel")

VON FRÜHLING BIS WINTER *Das Igeljahr*

IGEL HABEN FÜR DAS AKTIVE Leben innerhalb eines Jahres – mit Partnersuche, Fortpflanzung und Jungenaufzucht – rund ein Drittel weniger Zeit als die meisten anderen Tiere, denn sie verschlafen die nahrungsarmen Monate.

Frühling

Im März und April wachen die Igel aus dem Winterschlaf auf. Sie haben in den vergangenen Monaten zwischen 20 und 40 % ihres Körpergewichts verloren. Die ersten, die das Frühjahr begrüßen, sind die Igelmännchen. Je eher sie zu Kräften kommen, desto besser sind ihre Chancen in der Paarungszeit.

Die Igelweibchen schlafen bis in den April hinein, sie sind später in den Winterschlaf gegangen. Noch sind nur wenige Nahrungstiere vorhanden. Zunächst ernähren sich die Stachelritter hauptsächlich von Regenwürmern und Schmetterlingslarven.

Im Mai beginnt die Paarungszeit. Die Igelmännchen erkunden, wo überall Weibchen zu finden sind, und unternehmen auch immer wieder Paarungsversuche, die vorläufig aber nur im milden Klima entlang des Rheins zur Trächtigkeit der Weibchen führen. Bereits im Mai verbessert sich die Ernährungslage.

Sommer

Im Juni ist der Tisch reich gedeckt. Auf der nächtlichen Nahrungssuche begegnen die Igel allerhand krabbelndem Getier. Die Weibchen legen kräftig an Gewicht zu, die Männchen verbringen viel Zeit auf Freiersfüßen und fressen eher im Vorübergehen. Die Zahl der stachligen Straßenopfer steigt.

Igelparadies In dieser Landschaft finden Igel allerlei Unterschlüpfe und ein abwechslungsreiches Nahrungsangebot.

Auf Nahrungssuche In recht kurzer Zeit müssen die Jungigel das Alphabet der essbaren Insekten lernen! Die Mutter hilft ihnen dabei nicht.

Heißhunger Erfreut macht sich ein Jungigel über das Futter her, denn instinktiv weiß er, dass nur genug Winterspeck sein Überleben sichert.

Ende Juni, aber vor allem im Juli und Anfang August finden die erfolgreichen Paarungen statt. Mancher Gartenbesitzer wurde schon von den seltsamen Geräuschen aufgeschreckt, die eine Igelhochzeit begleiten, und alarmierte die Polizei wegen vermeintlicher Einbrecher!
Die meisten Igelkinder kommen in unseren Breiten im August auf die Welt, viele noch im September. Nach der Geburt verlässt die Igelmutter etwa 24 Stunden lang das Nest nicht, aber dann nimmt sie ihren gewohnten nächtlichen Lebenswandel wieder auf. Die Igelbabys säugt sie tagsüber.

Herbst

Im September, manchmal auch schon gegen Ende August, verlassen die Kleinen im Alter von etwa dreieinhalb Wochen ihr Nest und unternehmen in dessen Umgebung die ersten Ausflüge, wobei sie ihren Lebensraum kennenlernen und kleinere Beutetiere aufspüren. Die Muttermilch ergänzt die anfangs bescheidenen Erfolge bei der Futtersuche. Die erwachsenen Igelmännchen haben in der Paarungszeit viel Gewicht verloren, das sie sich nun wieder anfuttern. Noch gibt es reichlich Nahrung.

Ende September, häufig jedoch erst im Oktober, sind die jetzt sechs Wochen alten Jungigel selbstständig. Sie wandern auf der Suche nach der knapper werdenden Nahrung immer weiter herum, Futterstellen werden gern aufgesucht.
Die Igelweibchen können sich von Schwangerschaft und Säugezeit erholen und wieder Gewicht zulegen. Manche Igelmännchen treten bereits Ende Oktober den Winterschlaf an.
Auch im November stöbern die Jungigel oft noch nach Essbarem, allerdings mit geringem Erfolg. Ihr Instinkt sagt ihnen, dass sie nur mit einem guten Fettpolster den Winter überleben. Das schützende Nest bauen sie spät und manchmal recht nachlässig.

Winter

Bei normalen Witterungsverhältnissen sollten sich im Dezember auch alle Jungigel zum Winterschlaf zurückgezogen haben. Doch sieht man bei warmen Temperaturen immer wieder einen Nachzügler. Im Januar und Februar schlafen die Igel eingerollt in ihrem Nest, unterbrochen von kurzen Wachphasen. Auf Störungen in der Nestumgebung sowie steigende oder stark fallende Temperaturen reagieren sie empfindlich. ■

Igelnester IM SOMMER & WINTER

WÄHREND DER WARMEN JAHRESZEIT schlafen Igel tagsüber in wechselnden, unterschiedlich ausgebauten Nestern, die über ihren großen Aktionsraum verteilt sind. Igel haben also Ersatzquartiere, falls ein Nest unbewohnbar wird. Den Männchen erspart die Anlage mehrerer Nester zudem lange Rückmärsche, wenn sie während der Brunftzeit weit umherwandern. Für die Lage der Nester bevorzugen sie vorhandene, schützende Strukturen. Sommernester findet man in Höhlungen, in Stroh- und Heuhaufen, in höherer Vegetation und in Hecken und bodendeckenden Rabatten. Auch ältere, oft landwirtschaftlich genutzte Gebäude sind als Schlupfwinkel beliebt. Ihre Nester polstern die Igel mit Gras, Laub, ausgerissenen Pflanzen, ja sogar Papier- und Plastikabfällen aus, manche ziert allerdings nur ein Kränzchen aus Nistmaterial um eine Nestmulde. Hohlräume ohne gemütliche Ausstattung dienen nur als Unterschlupf für kurze Zeit.

Ein guter Platz Gebüsch, Hecken und Bodendecker in naturnah bewirtschafteten Gärten laden Igel ein, dort ihre Nester zu bauen.

Nistmaterial Vor allem Laub und verwelktes Gras tragen Igel mit dem Maul zum ausgeguckten Standort. Lassen Sie Laub im Garten liegen, damit helfen Sie den Igeln!

Der Bau eines Winterschlafnestes Die Drehbewegungen im Nestinneren bewirken die gleichmäßige, schuppenartige Ausrichtung der Blätter (nach Morris).

Igel haben den Dreh raus

Winterschlafnester sind keine wahllos aufgehäuften Laubberge, sondern kompakte Gebilde mit einem Durchmesser von 30 bis 60 cm. Die Nestwände bestehen aus eng gepacktem Laub und sind bis zu 20 cm dick.
Hat sich der Igel für einen Neststandort entschieden, sammelt er mit seinem Maul trockene Blätter passender Größe und schichtet sie unter Buschwerk oder in einer Hecke auf. Ist der Laubberg groß genug, gräbt er sich in ihn hinein und dreht sich dort im Kreis. Diese Drehbewegung im Nestinneren, der der elastische Druck der Zweige von außen entgegenwirkt, führt dazu, dass die Blätter flach und eng aufeinandergepresst werden und der ungeordnete Laubhaufen seine charakteristische Schuppenstruktur erhält. Das dicht gepackte Laub hält größere Bodenlebewesen fern und enthält wenig Sauerstoff, sodass der normale Zerfallsprozess verzögert wird. Diese Nestkonstruktion schützt den Igel vor Kälte und Nässe und ist manchmal sogar so stabil, dass sie noch über Monate intakt bleibt, auch wenn der stachelige Bewohner das Nest längst verlassen hat. Er kehrt auch später nicht mehr dorthin zurück.

Ein-Zimmer-Wohnung Igelnest

Igel haben keine soziale Ader! Die weite Verteilung ihrer Nahrungstiere zwingt sie zu einem Leben als Einzelgänger. Auch beim Nestbau, einem instinktivem Vorgang kurz vor dem Wintereinbruch, denken sie nicht an ihre Artgenossen, sondern konstruieren ihr Winterschlafnest so, dass sie im Innenraum gerade einmal selbst Platz für ihren zusammengerollten Körper haben. Schließlich muss der Igel seine „Wohnung" mit der Körpertemperatur beheizen und ist daher auf Energiesparen bedacht.
Dass zwei Igel, denen man zur häuslichen Überwinterung je ein Winterschlafhaus in einem gemeinsamen Raum oder in einem kleineren Gehege anbietet, grundsätzlich zusammen in einem Haus schlafen, ist kein Widerspruch. Nicht Nächstenliebe ist der Grund fürs Zusammenschlüpfen, sondern man benützt sich vielmehr gegenseitig als Wärmequelle. Allerdings hält dann meist keiner der beiden Igel einen richtigen Winterschlaf, denn sie stören sich gegenseitig – ähnlich wie kleine Kinder, die man zusammen in ein Bett steckt. ■

Der Winterschlaf
DIE RUHIGE ZEIT

AB ENDE SEPTEMBER, spätestens aber Mitte Oktober wird das Nahrungsangebot für die Igel knapp. Die nahrungsarme Zeit dauert mindestens bis Mitte März, manchmal auch bis Mitte April. Um diese Hungerzeit zu überbrücken, halten Igel Winterschlaf. Nahrungsmangel allein bewirkt jedoch keine Winterschlafbereitschaft. Weitere Faktoren sind der Temperaturrückgang, die Abnahme der Tageslänge und Veränderungen des Luftdrucks. Hormonelle Umstellungen, etwa des Insulinspiegels, spielen ebenfalls eine Rolle.

Zudem besitzen Igel einen „inneren Kalender". Das zeigt sich deutlich bei Igeln in Gefangenschaft. Mancher Pflegling sammelt trotz hoher Raumtemperatur und reichlichem Futterangebot Nistmaterial, stopft den Eingang seines Schlafhauses zu und versucht zu schlafen. Kurz vor Winterschlafbeginn fressen viele Igel nur noch wenig oder nichts.

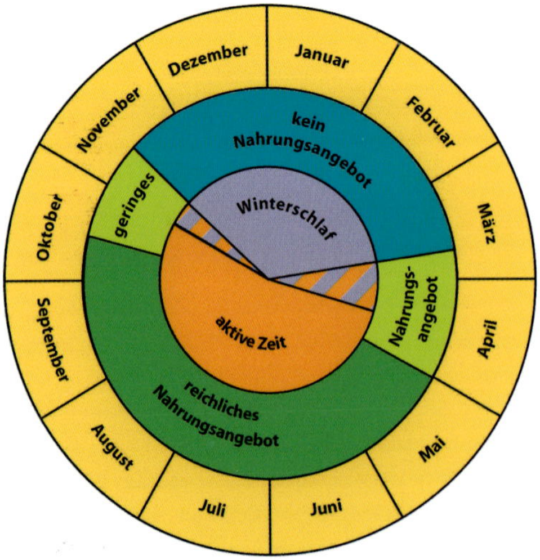

Igelkalender Etwa ein Drittel des Jahres verbringen die Igel im Winterschlaf, um die nahrungsarme Zeit zu überbrücken.

DER JAHRESLAUF DER IGEL

Männchen gehen früher in Winterschlaf als Weibchen. Letztere brauchen Zeit, um sich von der anstrengenden Jungenaufzucht zu erholen. In den nahrungsarmen Wochen im Spätherbst haben die Weibchen und die Jungtiere daher keine männlichen Nahrungskonkurrenten mehr. Umgekehrt ist es im Frühjahr, wenn die Männchen früher aus dem Winterschlaf erwachen als die Weibchen. Igel verbringen nur etwa 80 % der Winterschlafzeit wirklich schlafend. Sie wachen immer wieder für einige Stunden oder Tage auf, bleiben dabei aber meist im Nest. Eine Erklärung für dieses energiezehrende Verhalten könnte die Notwendigkeit eines „Probelaufs" oder „Resets" sein, also das Zurücksetzen des Stoffwechsels auf normale Werte.

Harte Arbeit Unter den Trieben einer Hecke hat sich ein Igel sein Winterschlafnest gebaut. Je größer es ist, desto besser ist die Wärmeisolierung und damit die Überlebenschance.

Das ist nicht normal Igel, die bei Tag im Schnee herumlaufen, haben vielleicht ihren Unterschlupf durch menschliche Eingriffe, etwa dem Abbau eines Holzstapels, verloren.

Alles läuft auf „Sparflamme"

Während des Winterschlafs sinkt die Körpertemperatur des Igels von etwa 35 °C bis fast auf die Umgebungstemperatur ab, fällt aber niemals unter 1 bis 5 °C. Der gesamte Stoffwechsel arbeitet extrem energiesparend. Das Igelherz schlägt nur noch 2- bis 12 mal pro Minute (im Wachzustand sind es 200 bis 280 Schläge!), und die Atemfrequenz verringert sich von 50 Atemzügen auf etwa 13 pro Minute. Die Atmung setzt sogar hin und wieder ganz aus. Je stärker der Igel seine Körperfunktionen drosselt, desto weniger Energie verbraucht er. Deshalb verlieren Igel, die im Warmen zu schlafen versuchen, rapide an Gewicht.

Weißes und braunes Fett

Die Fettreserven, die sich Igel im Sommer und Herbst anfressen, unterteilt man in zwei Kategorien: Das weiße Fett dient zur Aufrechterhaltung des minimalen Stoffwechsels während des Winterschlafs, das braune Fett wird für Aufwachvorgänge benötigt. Droht die Körpertemperatur des schlafenden Igels unter den Gefrierpunkt zu sinken, mobilisiert er das schnell Energie spendende braune Fett und entrinnt so dem Tod durch Erfrieren. Mehrmalige Unterbrechungen des Winterschlafs zehren an den Energiereserven und führen so zum Tod schwacher oder junger Igel.

Der Anteil des Körperfetts an der Gesamtmasse des Igels wächst mit dem Alter: Ein Igel mit 250 g besitzt nur etwa 14 % Körperfett, ein 500-g-Igel hat etwa 19 % und ein 1000-g-Igel etwa 25 %.

Gewichtsverlust

Je nachdem, wie lange der Winterschlaf dauert und wie viel Fett in den Wintermonaten verbraucht wurde, verliert der Igel in dieser Zeit 20 bis 40 % seines Körpergewichts. Das sind täglich 0,2 bis 0,3 %, also etwa 1 bis 2 g.

Vorsicht bei der Gartenarbeit!

Im Winter ist Vorsicht geboten, wenn man Holzstapel abbaut oder „Grünmüll" entfernt. Ein winterschlafender Igel, dessen Nest zerstört oder entfernt wurde, kann nicht einfach weglaufen, der Aufwachvorgang dauert bis zu zwölf Stunden. Bemerkt man das Nest früh genug, bringt man die zerstörten Teile schnell wieder in den ursprünglichen Zustand. Ist das nicht möglich, bettet man den Schläfer schnell in ein Ersatznest um, indem man Nistmaterial und Igel in eine noch nicht abgebaute Ecke der Holzbeige oder unter ein Brett, das man an eine Hausecke lehnt und mit Nistmaterial hinterfüllt, umlagert. ■

Richtige Hilfe Nicht jeder Igel braucht Hilfe, aber jede Hilfe muss richtig sein!

GESETZLICHE REGELUNGEN FÜR DEN *Tierschutz*

DAS BUNDESNATURSCHUTZGESETZ: Igel gehören zu den besonders geschützten Tierarten. Für sie gelten Vorschriften, die im Bundesnaturschutzgesetz niedergelegt sind.
Dort heißt es unter § 44:
(1) Es ist verboten,
1. wild lebenden Tieren der besonders geschützten Arten nachzustellen, sie zu fangen, zu verletzen, zu töten oder ihre Entwicklungsformen aus der Natur zu entnehmen, zu beschädigen oder zu zerstören,
…
3. Fortpflanzungs- oder Ruhestätten der wild lebenden Tiere der besonders geschützten Arten aus der Natur zu entnehmen, zu beschädigen oder zu zerstören.

(2) Es ist ferner verboten, Tiere [und Pflanzen] der besonders geschützten Arten
1. in Besitz oder Gewahrsam zu nehmen …

Der Gesetzgeber erlaubt unter § 45 aber Ausnahmen:
(5) Abweichend von den Verboten … sowie den Besitzverboten, ist es … ferner zulässig, verletzte, hilflose oder kranke Tiere aufzunehmen, um sie gesund zu pflegen. Die Tiere sind unverzüglich frei zu lassen, sobald sie sich selbstständig erhalten können.

Das Tierschutzgesetz

Wird ein hilfsbedürftiger Igel ins Haus genommen, ist auch das Tierschutzgesetz zu beachten. In § 2 steht: Wer ein Tier hält, betreut oder zu betreuen hat,
1. muss das Tier seiner Art und seinen Bedürfnissen entsprechend angemessen ernähren, pflegen und verhaltensgerecht unterbringen,
2. darf die Möglichkeit des Tieres zu artgemäßer Bewegung nicht so einschränken, dass ihm Schmerzen oder vermeidbare Leiden oder Schäden zugefügt werden,
3. muss über die für eine angemessene Ernährung, Pflege und verhaltensgerechte Unterbringung des Tieres erforderlichen Kenntnisse und Fähigkeiten verfügen.

Respekt vor einem kleinen Tier

Leider kennen nur wenige der Bürger die zitierten Gesetze, gegen die zum Beispiel immer wieder verstoßen wird, wenn ein Igel im Garten „stört". Er hat ein Recht, sich darin aufzuhalten! Man darf also keinen Igel umsiedeln, weil er dem Hund angeblich ein paar Flöhe vererbt oder weil dessen Gebell stört, wenn er den Igel wittert. Ebenso ist Rücksicht geboten, wenn man bei Aufräum- oder Bauarbeiten auf ein Igelnest stößt, in dem sich womöglich noch hilflose Junge befinden. Oft lassen sich die Arbeiten verschieben, wenn alle Beteiligten guten Willens sind. Das Tierschutzgesetz fordert, dass man sich informiert, ehe man ein Tier betreut. Würde es sich um ein exotisches Geschöpf handeln, wäre solche Vorgehensweise selbstverständlich, denn woher soll man als Mitteleuropäer wissen, was beispielsweise ein Gürteltier frisst?
Nimmt man einen kranken oder hilflosen Igel in Pflege, hat man spätestens jetzt die Pflicht, sich umfassend kundig zu machen. Mancher Igel könnte noch leben, wenn der Tierfreund nicht unter der „Das-habe-ich-nicht-gewusst"-Krankheit gelitten hätte. ■

Natürlich Das Schönste für einen Igel ist das freie und unabhängige Leben in der Natur.

naturnah & igelfreundlich

DER GARTEN

EIN GARTEN FÜR IGEL

S. 32

Hier fühlen sich Igel wohl

Ein Garten kann ein wahres Paradies für Igel sein!
Da laden Hecken zum Verstecken ein und bergen gleichzeitig allerlei Nahrungstiere. Ein Teich labt durstige Igel.
Heimische Pflanzen ziehen Bienen, Schmetterlinge und andere Insekten an, die Wiese ist ein Blumenmeer und braucht zudem wenig Pflege. Platten, Beton und Asphalt sind aufs Nötigste beschränkt, denn es gibt viele zweckmäßige und dennoch reizvolle Alternativen.

S. 34

Umsichtige Gartenpflege

Umdenken ist angesagt!
Naturnah gärtnern heißt, mit möglichst wenig „Chemie" im Garten auszukommen. Lernen Sie die Bedürfnisse Ihres Gartens kennen, seien Sie findig, stellen Sie Pflanzenschutzmittel und Dünger selbst her! Das Ziel ist ein ökologisches Gleichgewicht. Übrigens: Dem „Unkraut" kann man auch ohne stundenlanges Jäten Herr werden, ja man kann es sogar lieben. So sind Brennnesseln unverzichtbares Futter für allerlei Schmetterlingsraupen.

S. 36

Gefahren vermeiden

Stellen Sie sich vor, Sie wären ein Igel! Spazieren Sie einmal langsam um Ihr Haus herum und durch Ihren Garten: Wo könnte ein kleines Stacheltier hineinfallen, wo sich verheddern oder stecken bleiben, wo sich tagsüber verbergen und vielleicht beim Rasenmähen zu Tode kommen? Entschärfen Sie Igelfallen!

S. 38

Igel-Unterschlüpfe im Garten

Wer einen Blick dafür hat, welche Strukturen Igel mögen, wird mit Vergnügen potenzielle Igel-Unterschlüpfe in seinem Garten bewahren oder neu bauen. Verpönt ist allerdings Neugierde bei bewohnten Nestern, denn sie kann im schlechtesten Fall mit dem Tod der Stacheltiere enden. Sowohl eine Igelmutter mit Jungen als auch ein winterschlafender Igel nehmen es sehr übel, wenn man in ihre Wohnung schaut. Für Störungen sind nicht nur kleine und große Menschen, sondern oft auch Hunde verantwortlich. Katzen können vor allem Igelbabys gefährlich werden.

S. 42

Zufütterung

Durch Zufütterung wurde noch keine Tierart gerettet – man kann damit lediglich einzelnen Tieren helfen. Damit die gute Absicht nicht ins Gegenteil umschlägt, sind einige Regeln zu beachten:

- ❑ Igel nur in den nahrungsarmen Zeiten, also im Frühjahr und im Herbst, zufüttern.
- ❑ Die Futterstelle immer sauber halten.
- ❑ Nur hochwertige Nahrung geben, also z. B. keine Essensreste.

IGELFREUNDLICHE *Gartengestaltung*

DIE URSPRÜNGLICHEN LEBENSRÄUME der Igel wandeln sich immer mehr in landwirtschaftlich intensiv genutzte Flächen. Ein Rückzugsgebiet für den Insektenfresser Igel sind Haus- und Schrebergärten.

Zäune und Hecken

Gartenzäune und -mauern sollten Igel nicht am Umherstreifen hindern. Ideal sind Latten- oder Jägerzäune. Entscheidet man sich, etwa aus Kostengründen, für einen Zaun aus Maschendraht, lässt man ihn 10 cm über dem Boden enden. In Stütz- oder Gartenmauern spart man beim Bau Durchschlüpfe aus oder bricht sie nachträglich hinein.
Die tierfreundlichste Grundstücksbegrenzung ist eine Hecke. Hat man gleichgesinnte Nachbarn, ist die Anlage einer Benjeshecke eine hervorragende Lösung. Thuja- oder Kirschlorbeerhecken

Ideales Gelände Auf gemähter Wiese suchen Igel gern nach Käfern und Regenwürmern, bei Gefahr schlüpfen sie ins Gebüsch.

Freie Wege für Igel Lattenzäune sind tierfreundlich und fügen sich harmonisch in die Landschaft ein.

Mehrfunktions-Sitzplatz Wenn er im Herbst nicht mehr benutzt wird, bauen sich die Igel darunter ihre Nester.

Ein guter Weg Umweltfreundlich und zudem ein hübscher Anblick, ist dieser eingewachsene Plattenweg.

nützen dagegen weder Insekten noch Schmetterlingen und sind mangels Laub auch keine Standorte für Igelnester.

Offene Flächen

Betonierte oder asphaltierte Flächen wie Straßen oder Parkplätze sind für Pflanzen und Tiere nutzlos. Zudem kann dort kein Wasser abfließen. Verzichten wir also wenigstens im eigenen Garten auf versiegelte Flächen. Gartenhäuschen und Schuppen kann man auf kleine Stelzen setzen. Für Garagenzufahrten reichen Fahrspuren aus Kies oder Rasengittersteinen, Gartenwege lassen sich mit Holzscheiben, Rindenmulch, Brettern, einzelnen Trittplatten oder als einfache Mähwege gestalten.

Rasen oder Wiese?

Ein „englischer Rasen" besteht aus wenigen Grassorten und ist kaum natürlicher als ein Wohnzimmerteppich. Wer Leben im Garten liebt, nimmt Abschied von diesem Ideal und verzichtet damit nicht nur auf häufiges Mähen, sondern auch auf den Einsatz von Unkrautvernichter und Dünger. Bald entwickelt sich von ganz allein eine reizvolle Blumenwiese. Niedrig wachsende Kräuter wie Gänseblümchen, Hornkraut, Löwenzahn oder Ehrenpreis werden vom Rasenmäher kaum erfasst und breiten sich aus, und den ersten Margeritenstrauß kann man schneller pflücken, als man denkt!

Heimische Pflanzen

Ob ein Garten für Insekten, Vögel oder Säugetiere attraktiv ist, hängt im hohen Maß von den darin wachsenden Pflanzen ab. Bei der Gestaltung sollte man sich also überlegen, ob die gewünschten Bäume, Sträucher und Büsche einheimischen Tieren Unterschlupf, Brutplatz und Nahrungsquelle bieten. Pflanzen, die dem Klima und dem Boden gut angepasst sind, benötigen wenig Pflege und gedeihen auch ohne Kunstdünger und Pflanzenschutzmittel.
Dichtes Gebüsch oder Hecken aus einheimischen Sträuchern beherbergen eine Vielzahl nützlicher Tiere, wie Laufkäfer, Kröten, Singvögel und Igel, deren vereinte Fähigkeiten den Schädlingen, etwa Blattläusen, Raupen und Schnecken, Einhalt gebietet. ■

IGEL LIEBEN BENJESHECKEN Wie Sie eine solche Hecke selbst anlegen können und was es dabei zu beobachten gibt, finden Sie hier oder unter www.m.kosmos.de/14246/tb4

Naturnah PFLANZEN UND PFLEGEN

KEIN GIFT IM GARTEN! Mit Insektiziden vernichtet man nicht nur schädliche, sondern auch viele nützliche Kleinlebewesen. Deren Fehlen erfordert den weiteren Einsatz von Giften – ein Teufelskreis! Obendrein entzieht man durch den Einsatz von Pflanzenschutzmitteln Insekten fressenden Tieren wie dem Igel und vielen Vogelarten die Nahrungsgrundlage. Besser ist es, für ein ökologisches Gleichgewicht im Garten zu sorgen: Nützliche Tiere wie Marienkäfer, Flor- und Schwebfliegen, Schlupfwespen und Ohrwürmer kann man durch Nisthilfen und entsprechende Anpflanzungen fördern.

Wenn Pflanzen kümmern oder von Schädlingen heimgesucht werden, behagen ihnen möglicherweise Klima, Standort oder Bodenqualität nicht. Mit biologisch unbedenklichen Methoden, etwa aus Kräutern selbst hergestellten Jauchen und Spritzmitteln, dem trickreichen Einsatz von Düften und der Pflanzung von Mischkulturen, die Schädlingen das Leben erschweren, kann man viel erreichen.

Hilft das alles nichts, akzeptiert man notgedrungen, dass nicht alles überall so wächst, wie man es möchte. Biologisches Gärtnern funktioniert nicht von heute auf morgen, Geduld ist gefragt und Rückschläge dürfen nicht entmutigen. Der Lohn für die mannigfaltigen Bemühungen sind nicht nur gesundes Obst und Gemüse, sondern auch neue Einblicke in die erstaunlichen Beziehungen zwischen Tieren und Pflanzen.

Unkraut ist Beikraut

Ob eine Pflanze die Bezeichnung „Unkraut" verdient, ist Anschauungssache. Brennnesseln und Disteln schätzt der Gärtner nicht, sie sind aber für viele Schmetterlingsraupen lebenswichtig.

Liegen lassen! Zusammengerechtes Laub, unter Büschen und Hecken gesammelt, ergibt eine wunderbare Mulchdecke, in der zudem Insekten und Kleintiere überwintern können.

Gutes Versteck Knöterich ist eine anspruchslose, schnell wachsende Pflanze, die herrliche Verstecke für den Tagschlaf der Igel abgibt.

Unkräuter sind oft „Zeigerpflanzen“: Hahnenfuß und Sauerampfer deuten auf schweren, undurchlässigen Boden hin, Vogelmiere trifft man auf lockerer, humusreicher Erde an, Brennnessel und Klettenlabkraut wachsen auf nährstoff- und stickstoffreichen Böden. Ändert sich die Bodenqualität durch Bearbeitung, verschwindet das Unkraut. In manchen Gartenecken und in der Wiese kann man es sprießen lassen, zwischen Blumen und Gemüse wird man es jäten.
Offene, brachliegende Erde hat eine große Anziehungskraft auf Unkraut. Deshalb ist es empfehlenswert, die Erde mit Mulchmaterial zu bedecken. So wird das Wachstum von unerwünschten Beikräutern unterdrückt.

Biologisch düngen

Sollen Pflanzen gut gedeihen, brauchen sie Nährstoffe. Die besten Dünger sind Komposterde und Mist. Schmetterlingsblütler wie Erbse, Bohne und Klee binden mithilfe von Bakterien in den Wurzelknöllchen den Luftstickstoff, reichern so den Boden an und bereiten ihn für andere Gewächse vor. Kräuterjauchen fördern ebenfalls den Pflanzenwuchs. Auch Gesteinsmehl, Algenkalk und Rindenmulch verbessern die Erde.

Umgraben kann einen guten Boden schlechter machen, denn seine Schichtung wird umgedreht. In den oberen fünf Zentimetern leben viele Kleinlebewesen und Bakterien, die Sauerstoff brauchen. Geraten sie tiefer in den Boden, sterben sie ab. Besser ist es daher, die Erde nur mit einem Sauzahn oder Grubber aufzureißen.

Wohin mit den Gartenabfällen?

Den Jahreszeiten entsprechend wachsen und vergehen die Pflanzen. Will man diesen Kreislauf der Nährstoffe erhalten, sollte man Laub, Gras, Reisig und Ernteabfälle im Garten belassen. Was nicht für den Komposthaufen geeignet ist, lässt sich anderweitig unterbringen. Mit Grasschnitt mulcht man Beete, eine dünne Laubschicht schützt und düngt den Rasen, Insekten können darunter überwintern. Größere Laubmengen verteilt man unter Hecken oder Gebüsch. Dort dienen sie als „Materiallager“ für Igelnester und als Winterquartier für zahlreiche Kleintiere. Totholzhaufen bieten Lebensraum für Laufkäfer und Kurzflügler. In den hohlen Stängeln der Stauden überwintern Käfer und Hautflügler. ■

Gefahren für Igel VERMEIDEN

IGEL SEHEN IHRE UMGEBUNG mit anderen Augen. Viele Gefahren, deren man sich als Mensch gar nicht bewusst ist, bedrohen das Leben der kleinen Stachelritter. Mit geringem Aufwand lässt sich viel Tierleid vermeiden.

Gefahren im Garten

Netze über Beerensträuchern dürfen nicht bis zum Boden herunterhängen, Igel könnten sich darin verwickeln. Und auch in Mäuse- und Rattenfallen ist schon mancher Igel gestorben. Schlagfallen stellt man mindestens 50 cm hoch auf Tische, Mauern, Bretterstapel oder in hochwandige Kisten. Ebenso verfährt man mit Giftködern. Eichhörnchen, Siebenschläfer und Vögel sind aber trotz solcher Vorsicht durch Fallen oder Gift gefährdet! In Drahtrollen, Fischernetzen, Schnüren oder Folien von Heu- und Strohballen verfängt sich leicht ein neugieriger Igel. Solche Materialien lagert man besser im Haus oder in einiger Höhe, etwa auf einem Holzstapel. Insektizide, Herbizide, Pestizide und auch Kunstdünger können Igeln schaden, sei es durch die Vernichtung ihrer Beutetiere, sei es durch die Aufnahme der Gifte über die Haut oder mit der Nahrung. Die für Igel tödliche Dosis von metaldehydhaltigem Schneckenkorn liegt zwar hoch, negative gesundheitliche Folgen sind dennoch nicht auszuschließen.

Flaches Ufer An einem flach auslaufenden Teichrand können kleine Tiere wie Igel gefahrlos trinken.

Vor dem Verbrennen von Reisig und Gartenabfällen sollte man den Haufen umsetzen. Das gilt natürlich auch für Oster- oder sonstige Brauchtumsfeuer. Igel halten in dem Haufen vielleicht ihren Tag- oder Winterschlaf und können nicht schnell genug fliehen. Vorsicht ist auch beim Umsetzen von Komposthaufen mit Grab- oder Mistgabeln geboten. Laubsauger saugen nicht nur Laub, sondern auch Kleinlebewesen und sogar kleine Igel auf. Vermeiden lässt sich das, wenn man eine niedrige Stufe der Blasfunktion einstellt

Igelfalle Lichtschacht Ein Brett als Ausstiegshilfe verhütet, dass ein Igel tagelang ohne ausharren muss.

Das kostet Kraft Dank der stufenverkürzenden Ziegelsteine kann der Igel dieser Falle entkommen.

und das Laub unter Büsche und Hecken pustet. Freiwillig geht kein Igel baden, aber manchmal fällt ein Stacheltier versehentlich ins Wasser. Wie alle Säugetiere können auch Igel schwimmen, dennoch ertrinken manche in relativ kleinen Teichen. Sie sollten mit einer Schilfmatte oder mit einem Brett mit Querleisten als Ausstiegshilfe versehen werden, die man am unteren Ende mit Steinen beschwert.

Dass Rasenmäher und Motorsensen vorsichtig gehandhabt werden müssen, versteht sich für den Tierfreund von selbst.

Jagdlustige Hunde bilden für Igel ebenfalls eine Gefahr. Vor allem am Abend sollte man sie nicht unbeaufsichtigt in den Garten lassen und beim Spaziergang an die Leine nehmen.

Schächte, Treppen & Co.

Lichtschächte sind häufige Igelfallen. Bespannt man das Gitter mit engmaschigem Draht, der bis zur Hauswand reicht, wird manches junge Igelleben gerettet.

Igel stürzen auch in Gruben, Schächte oder Gräben, die zum Bau von Versorgungsleitungen ausgehoben wurden. Ein Brett als Ausstiegshilfe oder eine Schräge aus Erde am Ende des Grabens ermöglicht Igeln ein Entkommen.

Beim Neubau von Kellertreppen wird oftmals eine Betonschräge zum Schieben von Fahrrädern eingeplant. Gibt es eine solche Rampe nicht, legt man seitlich auf jede Treppenstufe einen Ziegelstein. Dank der verringerten Stufenhöhe können selbst kleine Igel wieder nach oben klettern.

Die Wandöffnungen von Wäschetrocknern mit Abluftbetrieb sollten möglichst hoch über dem Erdboden liegen oder mit einem Drahtgitter versehen sein. Tatsächlich fand sich nicht nur einmal ein Igel in einem Wäschetrockner! Hülsen von Wäschespinnen und Fahnenmasten verschließt man mit einem Deckel. Dieser verhindert, dass kleine Igel hineinfallen.

Hin und wieder werden Igel versehentlich in Garagen, Geräteschuppen, Garten- oder Treibhäusern eingesperrt. Eine kleine Ausschlupföffnung oder eine nur von innen aufschwenkbare Klappe in Wand oder Tür löst das Problem. ■

ABFALL ALS FALLE

In achtlos weggeworfenen Behältnissen wie Tierfutterdosen, Eis- oder Joghurtbechern suchen Igel nach Resten und verklemmen sich oftmals so, dass sie sich nicht mehr befreien können und jämmerlich zugrunde gehen. Unterschlupf suchende Igel bohren sich sogar in „Gelbe Säcke". Man lagert diese besser nicht im Freien oder stellt sie so hoch, dass Igel nicht daran kommen.

Igel-Unterschlüpfe IM GARTEN

DIE MEISTEN GÄRTEN sind reich an Unterschlupfmöglichkeiten für die Stacheltiere. Wenn man einen Blick für die Strukturen bekommt, die als Neststandorte bei Igeln besonders beliebt sind, verringert sich die Gefahr, sie bei Arbeiten rund ums Haus und im Garten aufzustören oder gar zu verletzen.

Beliebte Plätze

Am häufigsten bauen Igel ihre Nester in Hecken oder dichtem Gebüsch. Dort gründlich „auszuputzen", empfiehlt sich daher im Winterhalbjahr nicht. Auch Bodendecker sind ein beliebter Platz für Igelquartiere. Unter Zwergmispel und Efeu lässt sich trefflich ein Nest anlegen. Kriechende Pflanzen muss man nicht schneiden – ein Vorteil für die Igel, da hier Störungen seltener vorkommen. Das schützende Dach von Baumwurzeln lädt ebenfalls zum Nestbau ein. Igel scharren sich darunter eine tiefe Mulde, in die sie Laub und trockenes Gras eintragen. Hohlräume in einem mit Grün überwucherten Stein- oder Totholzhaufen können Igeln ebenfalls als Unterschlupf dienen. Solche Strukturen sind obendrein wichtige Biotope für andere Tierarten. In Steinhaufen oder -mauern wohnen mit Vorliebe Eidechsen, Totholz ist ein Biotop für Käferarten.

Ein wetterfestes Dach finden Stacheltiere unter Gartenhäuschen, Hühner- und Kaninchenställen. Einige Arm voll Laub oder Stroh erleichtern es ihnen, sich dort einzurichten. Ebenso gern angenommen werden die Hohlräume unter Bretterstapeln oder unter Paletten, auf denen Baumaterialien gelagert sind. Holzstapel sollte man während des Winters nie gänzlich abbauen. Igel halten sich mit Vorliebe in den kleinen Nischen darunter auf. Richtig angelegte Komposthaufen bieten den Igeln nicht nur ein Quartier, sondern sind auch eine ergiebige Speisekammer.

Nistplätze Besonders beliebt sind Hecken und Gebüsch. Man sollte sie auf keinen Fall vor dem Winter zurückschneiden.

Igelnest gefunden – was tun?

Igel wechseln im Sommer zwischen mehreren Nestern. Wird eines davon vernichtet, ist das für einen allein lebenden Igel zwar ärgerlich, aber nicht lebensgefährlich.

Anders sieht es aus, wenn ein Igelnest mit Jungen entdeckt und womöglich zerstört wird. Igelmütter reagieren auf Störungen am Nest äußerst empfindlich. Frisch geborene Babys frisst die Igelmutter in ihrer Panik häufig auf. Ältere Junge versucht sie, in ein neues Nest umzuquartieren. Dabei geht manchmal ein Kind verloren.

Oft aber verlässt die verängstigte Igelmutter Nest und Nachwuchs und kommt nicht wieder. Der Grund ist leider am häufigsten die menschliche Neugier. Keine um ihre Jungen besorgte Igelmutter kehrt zu diesen zurück, wenn in unmittelbarer Nestnähe stundenlang „Feinde" lauern. Findet man also zufällig ein Nest mit Jungen, so sollte man es sofort wieder zudecken und sich schleunigst weit entfernen! Nur so besteht die Chance, dass sich die Igelmutter wieder beruhigt und die Störung ohne Folgen bleibt.

Winterschlafende Igel

Während des Winterschlafs liegt die Körpertemperatur des Igels im Normalfall nicht weit über 0 °C. Wenn sein Nest zerstört wird, weckt ihn zwar der Kältereiz, aber es dauert viele Stunden, bis die normale Körpertemperatur erreicht und der Igel aktionsfähig ist. Jeder Aufwachvorgang kostet viel Energie. Im schlechtesten Fall kann dies den Verbrauch der letzten Reserven bedeuten. Im Winterschlaf aufgestörte Igel sollte man also schnellstmöglich und bevor es zum vollständigen Erwachen kommt, in ein gut isoliertes und trockenes Ersatznest umbetten. Sehr magere Igel nimmt man eventuell in häusliche Pflege.

Ältere und kräftigere Igel könnten sich auch im Winter ein neues Nest bauen, jedoch fehlt es dafür meist an Nistmaterial. Das ist entweder unter einer Schneedecke verborgen oder nass. ■

Ein gut geschützter Platz Baumhöhlen sind außerordentlich komfortable Neststandorte.

Steinhaufen Er bietet nicht nur einem Igel Unterschlupf, sondern ist Versteck für viele Tiere.

IGEL-UNTERSCHLÜPFE *selbst gebaut*

DIE NACHFOLGEND BESCHRIEBENEN QUARTIERE sind einfach herzustellen. Sie scheinen recht groß bemessen, jedoch muss entweder genügend wärmendes Nistmaterial hineinpassen, oder dicke Außenwände isolieren das Nest. Der Hohlraum im Inneren sollte aber nur der Größe eines zusammengerollten Igels entsprechen. Alle Unterschlüpfe müssen vor dem „Erstbezug" noch mit Nistmaterial – trockenem Laub oder Haferstroh – gefüllt werden.

Unterschlüpfe sollten versteckt und schattig liegen, abseits von Spielwiese oder Terrasse, unter dichter Vegetation. Damit das Nest bei starkem Regen nicht im Wasser steht, ist manchmal eine Dränage nötig. Den Eingang richtet man nach Südosten aus.

Quartier aus Stein Aus Ziegelsteinen, aber auch aus Pflaster- oder Natursteinen, lässt sich schnell ein Igelquartier bauen. Als „Flachdach" kann ein Holzbrett oder eine Gartenplatte dienen.

Reisighaufen mit Plane

In einer Gartenecke trägt man viel trockenes Laub zusammen. Darüber schichtet man Reisig und Äste. Über diesen Haufen breitet man eine Plastikplane, deren vier Zipfel man am Boden mit Steinen beschwert. Um die Plane zu tarnen, deckt man sie mit weiterem Reisig zu. Je größer der Haufen, desto besser die Wärmedämmung.

Quartier aus Steinen

Aus Pflaster- oder Ziegelsteinen lassen sich im Handumdrehen Igelburgen bauen. Als Dach dient eine Steinplatte. Der Innenraum fällt bei einem solchen Haus zwar klein aus, dafür ist die Wärmedämmung der dicken Wände besonders gut. Regen- und winddicht ist ein solches Bauwerk, wenn man Erde darüberschaufelt und festklopft. Es dauert nicht lang, bis das Igelhaus bewachsen und gut getarnt ist.

Holzhaus

Aus Resten von Nut- und Federbrettern lassen sich einfache Igelhäuser zimmern. Ein solches Haus kann etwa 40 cm lang, 50 cm breit und 30 cm hoch sein. Auf das abnehmbare Dach, das nach allen Seiten mindestens 5 cm überstehen sollte, nagelt man Dachpappe.

Igel schlafen immer in der Ecke, die dem Eingang diagonal gegenüberliegt. Deshalb sägt man das 10 × 10 cm große Einschlupfloch entweder ganz links oder ganz rechts in eine der Längsseiten. Ein Windfang schützt vor Kälte und Zugluft. Dazu bringt man in der Breite des Einschlupflochs parallel zur Seitenwand eine Innenwand an, die 15 cm vor der Rückwand endet. Bei steinigem oder feuchtem Untergrund stellt man das Haus auf ein Brett mit untergelegten Leisten. In weiche, trockene Erde hingegen scharren sich Igel gern eine Mulde, ein Holzboden erübrigt sich.

Vorbild Natur Solche Reisighaufen sind auch im Garten attraktive Igelunterschlüpfe.

Großputz im Igelbau

Die stacheligen Bewohner hinterlassen oft Kot. Flöhe, Milben, Schimmelpilze und Bakterien vermehren sich in der Einstreu. Anders als natürliche Igelnester, die nach einiger Zeit verfallen, stellen dauerhafte Unterschlüpfe Infektionsquellen dar, wenn man sie nicht jährlich sorgfältig ausputzt. Die beste Zeit dafür ist das späte Frühjahr, also nach dem Winterschlaf und vor der Wurfzeit.

Hat man mit der Strohhalm-Probe festgestellt, dass der Igelunterschlupf länger nicht benutzt wurde, räumt man das Nistmaterial heraus und ersetzt es durch frisches. Holzhäuser wäscht man gründlich aus und trocknet sie an der Sonne. In Unterschlüpfen mit Naturboden trägt man 2 bis 3 cm Erde ab und schüttet neue Erde auf. ■

DIE STROHHALM-PROBE

Ob ein Igelbau bewohnt ist, lässt sich mit einem simplen Trick feststellen: Man platziert in den Eingang einen Strohhalm oder ein Ästchen, dessen Lage man sich merkt. Der Igel muss das kleine Hindernis beiseiteschieben, wenn er sein Nest verlässt.

Zufütterung IM GARTEN

BEI JEDER ZUFÜTTERUNG sollte man sich überlegen, wer davon profitieren soll und wie man unerwünschte Folgen verhindern kann. In Fällen ständiger Zufütterung steht selten das Wohl des einzelnen Igels im Vordergrund, sondern eher das egoistische Motiv des Tierfreunds, der „seine“ Igel als Haustiere betrachtet und Spaß an ihnen haben will. Bei ganzjähriger Fütterung beziehen immer mehr Igel die Futterstelle in ihre nächtlichen Streifzüge mit ein. Zwar suchen sie trotzdem noch natürliche Nahrung, aber dennoch entsteht eine gewisse Abhängigkeit.

Rechtzeitig zufüttern Diese fünf Jungigel können ihr Winterschlafgewicht dank regelmäßiger Zufütterung mit kalorienreicher Nahrung vermutlich noch erreichen.

Verwaiste Jungigel

Wenn eine säugende Igelmutter durch Unfall oder Krankheit umgekommen ist, kann man den Kleinen manchmal mit Zufütterung helfen. Diese Unterstützung bedeutet keinen so massiven Eingriff wie eine Aufzucht im Haus.

Jungigel verlassen mit etwa 24 Lebenstagen erstmals das Nest. Ihre Augen und Ohren sind dann bereits geöffnet, auch haben sie Zähnchen und ein Bauchfell. Sie lernen nun, selbst Nahrung zu suchen, sind damit aber anfangs nicht besonders erfolgreich, weshalb sie als „Zubrot“ noch bis zur sechsten Lebenswoche Muttermilch brauchen, allerdings mit abnehmender Tendenz. Fehlt die Mutter, tapsen die kleinen Igel tagsüber oft hungrig umher. Wenn man solche Igelchen entdeckt, bevor sie so geschwächt sind, dass man um eine Aufnahme ins Haus nicht herumkommt, sollte man sie draußen regelmäßig zufüttern. Zur Sättigung brauchen sie nämlich nicht unbedingt Muttermilch, sondern lediglich ebenso „leicht erreichbare“ Nahrung, also Futter, das sie nicht „jagen“ müssen.

Igel im Herbst

Im Herbst verhilft die Zufütterung manchem Igel noch zu einem ausreichenden Speckpolster für den Winterschlaf. Die Energiebilanz der nach Futter suchenden Stachelritter wird nämlich immer ungünstiger: Um die wenigen noch verfügbaren Beutetiere aufzustöbern, müssen sie weite Wege zurücklegen. Außerdem erfordern niedrige Temperaturen mehr Energie zur Aufrechterhaltung der Körpertemperatur. Dann verbrauchen die Igel bei der Futtersuche vielleicht sogar mehr Kalorien, als die erbeutete Nahrung liefert. Das „Gasthaus" eröffnet man frühestens Mitte September bis Anfang Oktober. Sinken die Nachttemperaturen nahe an den Gefrierpunkt und liegt womöglich Schnee, muss Schluss sein mit dem Zufüttern. Gefrorenes Futter tut auch Igelmägen nicht gut. Außerdem kann die Bereitstellung von Nahrung manchen Igel vom Winterschlaf abhalten. Das Ende der Zufütterung signalisiert ihm, dass es jetzt Zeit ist, schlafen zu gehen. Nahrungsmangel ist ein wichtiger Winterschlafauslöser. Diesen Mangel muss der Igel spüren. Kommt er weiter an den Ort der bisherigen Zufütterung, heißt es hart bleiben.
Wacht ein Stacheltier im März oder April mager und schwach aus dem Winterschlaf auf, rettet ihm der gefüllte Napf an einer Futterstelle möglicherweise das Leben, denn das Nahrungsangebot ist noch karg. Die Futterhilfe sollte aber nur bis spätestens Mitte Mai dauern.

NUR GESUNDE IGEL ZUFÜTTERN!

Wird ein Igel schon einige Zeit gefüttert, ohne dass er sichtbar an Gewicht zulegt, bringt das Extra-Futter, das womöglich bis in den Winter hinein angeboten wird, auch keinen Gewichtszuwachs mehr. Ein Igel, der nicht zunimmt, ist wahrscheinlich krank. Zusätzliche Nahrung allein kann seinen Zustand nicht bessern, er gehört vielmehr in häusliche Pflege. Ein kranker Igel an einer Futterstelle stellt zudem ein zusätzliches Infektionsrisiko dar.

Wasser Über das Trinkverhalten der Igel weiß man wenig, jedoch hat man einen täglichen Bedarf von 50 bis annähernd 100 ml beobachtet.

Was wird zugefüttert?

Zur Zufütterung im Garten eignen sich alle Nahrungsmittel, die man hilfsbedürftigen Igeln während häuslicher Pflege verabreicht (siehe S. 58). Da eine deutliche Gewichtszunahme angestrebt wird, sollte das Futter möglichst hochwertig sein. In vielen Köpfen hält sich hartnäckig der Irrglaube, Igel „mästeten" sich im Herbst mit Fallobst, Nüssen, Beeren, ja sogar Pilzen. Igel sind jedoch keine Pflanzen-, sondern Insektenfresser. Medikamente (etwa zur Entwurmung) sollte man dem Futter im Garten nie beifügen: Man kann nicht kontrollieren, welcher Igel wie viel davon aufnimmt. Außerdem hat im schlechtesten Fall die Nachbarin, die ebenfalls Igel füttert, die gleiche Idee. Gefüttert wird grundsätzlich abends. Futterreste beseitigt man gleich morgens und spült die Schüsseln heiß aus. ■

Futterhaus UND IGELTRÄNKE

IM FRÜHJAHR UND IM SPÄTHERBST finden Igel selbst in naturnah bewirtschafteten Gärten nicht mehr viel Nahrung, zumal Fallobst und Beeren entgegen landläufiger Meinung keineswegs auf dem Speisezettel der Stachelritter stehen. Artgerechtes Futter, dazu sauberes Trinkwasser, helfen dann so manchem Igel über die kargen Zeiten.

Das Futterhaus

Damit das Futter vor Regen geschützt ist, stellt man es „unter Dach". Dafür ist zum Beispiel eine umgedrehte Obstkiste geeignet, bei der man die unteren Latten entfernt (siehe unten). Füttert man einen ganzen Wurf kleiner Igel, sollte das Futterhaus allerdings größer sein (L × B × H ca. 80 × 40 × 25 cm) und mindestens zwei Eingänge von je 10 × 10 cm besitzen (siehe Seite 75). Ein Labyrinth vor dem Innenraum hält Katzen ab, die sich ungern in enge Gänge zwängen. Praktisch ist ein abnehmbares oder aufzuklappendes Dach. Ein Futterhaus braucht keinen Boden. Eine einfache und effektive Lösung für eine katzensichere Futterstelle ist eine Euro-Palette. Da-

Guter Futterplatz Aus einer Obstkiste und etwas Dachpappe lässt sich schnell ein einfacher Unterstand bauen, der das Futter vor Regen schützt.

Geschützt Eine Palette, mit Dachpappe oder Folie abgedeckt, ist eine katzensichere Futterstelle. Man platziert sie allerdings besser auf Steinplatten als direkt auf dem Gras.

Trinkstelle GIn Trockenperioden rettet ein Gartenteich Igelleben. Mit Hilfe von Böschungsmatten aus Kokosgeflecht oder Jute lassen sich die Uferzonen von Teichen nachträglich tierfreundlich gestalten.

mit es nicht hineinregnet, nagelt man Dachpappe oder Folie auf die Bretter. Eine Katze kann zwar unter die Palette kriechen, aber den Kopf nicht so weit heben, dass sie Futter vom Teller holen könnte.

Das Futterhaus stellt man auf Steinplatten. Sie kann man mit Wasser und Bürste oder mit dem Gartenschlauch gut reinigen. Damit aber möglichst wenig Futterreste und Kot von den Platten ins Gras gespült werden, platziert man die Näpfe auf Zeitungspapier, das man täglich wechselt.

Igeltränken

Um den Igeln über Trockenperioden hinwegzuhelfen, kann man im Garten Wasserstellen einrichten. Igel haben ein gutes Ortsgedächtnis. Ist eine immer frisch gefüllte Tränke fester Bestandteil des Gartens, wissen die Igel in Trockenzeiten, wo sie Wasser finden. Als Igeltränken eignen sich die meisten handelsüblichen Vogelbäder. Auch sonstige flache, standfeste Schalen, etwa Blumentopfuntersetzer sind verwendbar. In Kunststoff-Untersetzer legt man einen Stein, damit der Igel das Gefäß nicht umkippen kann.

Die Schalen muss man täglich spülen und mit frischem Wasser füllen. Nicht nur Igel, sondern auch Vögel und andere Tiere besuchen eine Wasserstelle, daher ist sie schnell verunreinigt. So können Krankheiten, etwa die gefährliche Salmonellose, übertragen werden.

Wichtig: Die Hygiene

Je mehr Igel sich an einer Futterstelle einfinden, desto eher werden Krankheiten übertragen. Die Futterstelle selbst lässt sich sauber halten, aber schon in deren näherer Umgebung ist das schwierig. Schnecken fressen den mit Parasiten belasteten Igelkot und infizieren als Beutetiere andere Igel. Pilzkrankheiten werden durch den unvermeidlichen Körperkontakt der Tiere weitergegeben, Außenparasiten finden leichter einen neuen Wirt. Nicht zuletzt ist eine Futterstelle für unerwünschte Mitesser attraktiv, etwa für Ratten, Mäuse und wilde Katzen. Igel können sich mit Parvovirose anstecken, wenn infizierte Katzen aus denselben Futtertellern fressen. Igel sollte man daher immer getrennt von anderen Tieren füttern. ■

artgerecht & sorgsam

IGELPFLEGE

HILFSBEDÜRFTIGE IGEL

S. 50

Bedürftige Igel erkennen

Das Bundesnaturschutzgesetz erlaubt, Igel in Not aufzunehmen und gesund zu pflegen. Allerdings wird niemand dazu gezwungen – Tierliebe und ethische Grundsätze entscheiden. Wer sich aber zur Igelhilfe entschließt, übernimmt die Verantwortung (samt möglicher Kosten) für das Tier. Vergolten wird die Mühe mit der Freude, einen Stachelfreund, dem man das Leben gerettet hat, wieder in die Freiheit entlassen zu können.

S. 54

Erstversorgung

Schnelle Hilfe ist doppelte Hilfe!

Ein Igel wird nicht allein dadurch gesund, dass man ihn mit nach Hause nimmt, ihn in einen ausrangierten Vogelkäfig oder einen Kaninchenstall setzt und erst einmal abwartet. Systematisches Vorgehen ist gefragt – beginnend mit einem Pflege-Protokoll und der Erstversorgung, weiterhin mit richtiger Ernährung und Unterbringung bis hin zur Vorstellung beim Tierarzt.

S. 56

Artgerechte Unterbringung

Wusssten Sie, dass mehrere Igel in einem Gehege nur deshalb zusammenschlüpfen, weil sie sich gegenseitig als Wärmflasche benützen – also weder aus Nächstenliebe noch weil sie sich gut verstehen? Nicht nur die Größe eines Geheges ist wichtig, der Igel als Einzelgänger sollte es auch allein bewohnen dürfen.

S. 58

Die Ernährung

Abwechslungsreiche, ausgewogene Nahrung ist – neben richtiger Unterbringung und ärztlicher Versorgung – am wichtigsten für das Gedeihen eines Igels. Seien Sie findig, kaufen Sie schlau ein und kochen Sie für Ihren Igel!

S. 66

25 % DES KÖRPERGEWICHTS SOLL DIE FUTTERMENGE EINES IGELBABYS PRO TAG BETRAGEN, VERTEILT AUF KLEINE PORTIONEN.

S. 72

Igel auswildern

Früher setzte man überwinterte Igel erst nach den Eisheiligen aus, also ab Mitte Mai. Damit tat man ihnen aber keinen Gefallen. Wohlgenährte Stachelfreunde können durchaus ein paar kalte Tage vertragen, ohne Schaden zu nehmen. Je nach Region und Witterung lässt man sie zwischen Anfang und Ende April frei.

DIESE IGEL BRAUCHEN *Hilfe*

UNSERE EINHEIMISCHEN IGEL gehören zu den „besonders geschützten" Arten. Nur in speziellen Fällen darf man einen Igel zu Hause pflegen.

Verwaiste Igelsäuglinge

Die Ausnahmebestimmungen des Bundesnaturschutzgesetzes gelten auch für „hilflose" Tiere. Unter dieses Kriterium fallen verwaiste Igelbabys, die geschlossene Augen und Ohren und keine Zähnchen haben.

Etwa bis zum 24. Lebenstag sind Igelsäuglinge reine Nesthocker, die sich ausschließlich von der Muttermilch ernähren. Kommt die Mutter nicht zum Nest zurück, etwa weil sie schwer krank oder tot ist, robben die Kleinen nach einiger Zeit vor Hunger aus dem Nest und kühlen schnell aus. Schmeißfliegen nehmen die sinkende Körpertemperatur der Säuglinge als erste Anzeichen für deren baldigen Tod wahr und legen ihre Eier auf den Igelchen ab. Die Überlebenschancen solcher Igelbabys vermindern sich drastisch, wenn man stundenlang auf die ganz unwahrscheinliche Rückkehr der Mutter wartet. Hier ist schnelle Hilfe geboten!

Stark unterernährt Bei diesem stark abgemagerten Tier besteht ein großer Nachholbedarf in Sachen Ernährung.

Verletzte Igel

Bei einem äußerlich verletzten Igel sieht man Wunden, Blut, Schorf, vielleicht Eiter. Zieht der Igel ein Bein nach, ist es womöglich gebrochen. Oft deuten auch die Fundumstände auf eventuelle Verletzungen hin, etwa wenn sich ein Igel ungewöhnlich verhält und neben einer Straße, in der Nähe einer Baustelle oder maschineller Grünpflegearbeiten gefunden wurde. Ein leblos erscheinender Igel kann nach einem Unfall einen Schock haben oder bewusstlos sein. Hat sich ein Stacheltier in ein Netz verwickelt oder steckte es in einem Drahtzaun fest, ist mit Verletzungen zu rechnen. Tiere, die tagelang in Gruben oder Schächten gefangen waren, sind zwar selten verletzt, aber oft unterkühlt, ausgetrocknet und halb verhungert. Versengte und mit der Haut verbackene Stacheln sowie Brandwunden findet man oft bei Opfern von Brauchtums- oder Gartenfeuern.

Verwaist Ohne menschliche Hilfe haben diese noch unselbstständigen Igelsäuglinge keine Überlebenschance.

Verletzt Diese Wunde, verursacht durch einen Rasenmäher, ist schon fast verheilt.

Kranke Igel

Entgegen ihren sonstigen Gewohnheiten sind kranke Tiere tagaktiv – beim Nachttier Igel immer ein Alarmzeichen! Futtersuche bei Tag ist nämlich sinnlos, denn fast alle Nahrungstiere des Igels sind, wie er, nachtaktiv. Ist ein tagaktiver Igel allerdings recht flott unterwegs, wurde er vielleicht durch Gartenarbeiten oder einen neugierigen Hund aufgestört und sucht sich nun schleunigst einen neuen Unterschlupf.
Igel pflegen sich auch nicht zu sonnen, wie schon mancher beim Anblick eines ausgestreckten Igels irrtümlich angenommen hat. Ein solches Tier ist so schwach, dass es sich nicht mehr fortbewegen kann. Äußerlich erkennt man einen kranken Igel daran, dass er apathisch ist und sich nicht gleich einrollt, wenn man ihn antippt. Außerdem sieht er abgemagert aus. Hinter dem Kopf ist eine Einbuchtung, die „Hungerfalte", zu erkennen; Schulter- und Hüftknochen stehen heraus. Die Augen liegen tief in den Höhlen und sind schlitzförmig. Um kranke Igel – ebenso wie bei verwaisten Säuglingen und verletzten Igeln – schwirren in der warmen Jahreszeit oft Schmeißfliegen, die auf ihnen ihre Eier ablegen. Die Maden schlüpfen oft innerhalb der nächsten Stunden.

SOFORTHILFE!
Die ersten Stunden nach der Aufnahme eines hilfsbedürftigen Igels können über Leben oder Tod entscheiden. Bemühen Sie sich sofort um Informationen und fachkundige Hilfe, gehen Sie im Zweifelsfall zum Tierarzt – am nächsten Tag kann es zu spät sein!

Das Herbstgewicht

Als Faustregel gilt, dass ein Jungigel, der Anfang November etwa 500 g wiegt, im Allgemeinen eine gute Chance hat, den Winter lebend zu überstehen. Dabei geht es nicht um ein paar Gramm hin oder her – eine über mehrere Jahre geführte Statistik zeigt, dass nur knapp 7 % der zwischen Oktober und Dezember von Igelstationen aufgenommenen Igel zwischen 450 und 550 g wogen. Fast alle in diesen Monaten gefundenen Jungigel hatten ein erheblich geringeres Gewicht und waren zudem entweder krank oder noch gar nicht selbstständig. So gut wie immer fielen diese Igel durch Tagaktivität auf. Diese ist also ein wesentlich zwingenderes Kriterium für die Hilfsbedürftigkeit als das Körpergewicht.

Igel im Winter

Sichtet man einen Igel mitten im Winter, wurde vielleicht sein Nest zerstört. Wenn ihm die Möglichkeit fehlt, ein Ersatznest zu bauen, hat er geringe Überlebenschancen. Igel, die bereits krank und ohne ausreichendes Fettpolster in den Winterschlaf gingen, erwachen oft zur Unzeit und fallen durch Tagaktivität auf. ■

DIE ERSTE *Untersuchung*

KOMMT MAN MIT EINEM HILFSBEDÜRFTIGEN IGEL nach Hause, bringt man ihn zunächst provisorisch unter und wärmt ihn, wenn nötig. Dann ist eine Bestandsaufnahme angesagt.

Das Pflege-Protokoll

Als Erstes beginnt man mit einem Pflegeprotokoll, in dem man Funddatum mit Uhrzeit, Fundort und den Zustand des Igels notiert, denn allein aus dem Gedächtnis kann man später oder beim Tierarzt selten exakte Angaben machen. Das Fundgewicht stellt man mithilfe einer grammgenauen Waage fest. In das Pflegeprotokoll trägt man weiterhin Gewichtsentwicklung, Tierarztbesuche, verabreichte Medikamente, besondere Beobachtungen usw. ein. Anfangs sollte dies täglich geschehen, später wöchentlich.

Männchen oder Weibchen?

Zur Geschlechtsbestimmung (siehe S. 16) setzt man den Igel auf einen Tisch und streichelt ihm sanft über den Rücken, bis er sich ausrollt. Dann bringt man ihn mit der flachen Hand in Seitenlage, damit der Bauch sichtbar wird. Oder man fasst das entspannte Tier behutsam an den Hinterbeinchen und lässt es „Handstand" machen.

Ist der Igel verletzt?

Manchmal sind Verletzungen nicht auf Anhieb zu erkennen. Deshalb sollte man jeden Igel eingehend untersuchen. Um Bauch und Beine zu inspizieren, geht man ebenso vor wie bei der Geschlechtsbestimmung. Wunden, vor allem Hundebisse, können indirekt darauf hinweisen, dass der Igel zusätzlich an einer Krankheit leidet: Ein

Gründlich untersuchen Dieser kleine Wicht muss für eine Untersuchung ausgerollt werden: Man streichelt ihn sanft und geduldig über den Rücken, ohne dabei den Kopf zu berühren.

Hund kann einen Igel nur dann in Kopf oder Bauchseite beißen, wenn sich das Tier – körperlich geschwächt – trotz Gefahr nicht einrollt.

Ist der Igel unterkühlt?

Schwache Igel sind häufig unterkühlt, das heißt, ihre Körpertemperatur ist unter den Normalwert von etwa 35 °C gesunken. Der Igelbauch fühlt sich dann kälter an als die eigene Hand. In solchem Fall umwickelt man eine mit gut handwarmem Wasser gefüllte Gummiwärmflasche mit einem Handtuch und legt sie in einen hochwandigen Karton. Darauf legt man den Igel und deckt ihn mit einem weiteren Handtuch zu. Von Heizkissen oder Infrarotlampen zum Aufwärmen ist wegen der Überhitzungsgefahr abzuraten. Für das Igelnest darf man keine Tücher oder Strickwaren mit Aufhängern, Löchern oder heraushängenden Fäden verwenden. ■

Unterschiede erkennen Links: Kranker, „wurstförmiger" Igel mit eingefallenen Flanken und Hungerfalte hinter dem Kopf. Rechts: Gesunder Igel mit birnenförmigem Körper

CHECKLISTE FÜR DEN ALLGEMEINZUSTAND

Je gründlicher diese Bestandsaufnahme ist, desto schneller und besser kann man dem Tier helfen. Bei der Untersuchung geht man systematisch vor:

- **Wie ist der Ernährungszustand (siehe Bild)?**
- **Ist der Igel apathisch, hat er geringe Reflexe, torkelt er beim Gehen oder liegt er gar flach?**
- **Ist eine Unterkühlung festzustellen (dann fühlt sich der Igelbauch kälter an als die eigene Hand)?**
- **Sieht man Außenparasiten wie Flöhe, Zecken, Milben, Fliegeneier und -maden? Auch Bauchseite und Körperöffnungen (Augen, Ohren, Nase, Mund, Geschlechtsteile, After) betrachten!**
- **Hat der Igel Wunden, ist er verletzt? Riecht er nach Eiter, zieht er ein Bein nach, sieht man einen offenen Bruch? Sind die Augen in Ordnung?**
- **Fallen Abszesse oder Schwellungen am Körper auf?**
- **Hat das Stachelkleid des Igels kahle Stellen?**
- **Sieht man auf der Haut borkige, schuppige, weißliche Beläge?**
- **Röchelt das Tier, hört man Atemgeräusche? Hat der Igel Atemnot, hustet er?**
- **Kommt trübes, eitriges Sekret, womöglich blasig, aus der Nase?**
- **Wie sieht die Mundhöhle aus? Mit einem Wattestäbchen öffnet man das Gebiss: Sind Fremdkörper, Entzündungen, Zahnstein oder Blut zu sehen?**
- **Wenn der Igel bereits Kot abgegeben hat: Ist er normal oder hell, grünlich, schleimig, blutig, flüssig? Stinkt der Kot auffallend unangenehm?**

PFLEGEPROTOKOLL Hier finden Sie eine Vorlage, in die Sie neben Fundort- und -datum auch den Zustand des Igels usw. eintragen können. Download auch unter www.m.kosmos.de/14246/d5

Erste Versorgung
UND UNTERBRINGUNG

SAGEN SIE ALLE TERMINE AB! Ein hilfsbedürftiger Igel braucht gerade in den ersten Stunden nach dem Fund Ihre volle Aufmerksamkeit.

Die erste Mahlzeit

Einem hungrigen, aber munteren Igel stellt man ein Schüsselchen mit Katzen- oder Hundedosenfutter oder ein Rührei hin, zubereitet mit wenig Fett und ohne Gewürze. Zu trinken bekommt der Igel Wasser – auf keinen Fall Milch. Sehr schwache Tiere brauchen anfangs nur Flüssigkeit. Mit einer Einwegspritze (natürlich ohne Nadel) flößt man ihnen tröpfchenweise lauwarmen, ungesüßten Fenchel- oder Kamillentee ein. Unterkühlte Igel müssen erst eine normale Körpertemperatur erreicht haben, bevor man sie füttert.

Verwaist Ein Igelbaby wird mit spezieller Aufzuchtmilch gefüttert. Ausgehungerten Tieren, auch wenn sie älter ist, darf man anfangs nur wenig Nahrung geben, sonst können sie kollabieren.

Wie badet man einen Igel?

Ein Bad ist für den Igel eine mit Stress verbundene Prozedur, die nur dann unumgänglich ist, wenn man ihn von Kot oder ähnlich unangenehmen Substanzen säubern muss oder kein Flohspray zur Hand hat. Igelbabys und sehr schwache Igel darf man nicht baden!

Man lässt wenig handwarmes Wasser in ein Waschbecken ein und setzt den Igel mit dem Hinterteil hinein. Die Hand stützt Kopf und Brust, sodass Mund, Nase und Ohren über dem Wasserspiegel bleiben. Aus einem Becher kann man Wasser über Kopf und Schultern rieseln lassen. Nach dem Bad hüllt man den Igel in ein Handtuch, das man, sobald es feucht ist, wechselt. Er soll an einem warmen und vor Zugluft geschützten Ort trocknen. Auf keinen Fall darf man ihn föhnen!

Igelbad Schon ein Bad im Waschbecken bedeutet für Igel Stress. Duschen und Föhnen sind deshalb nicht erlaubt.

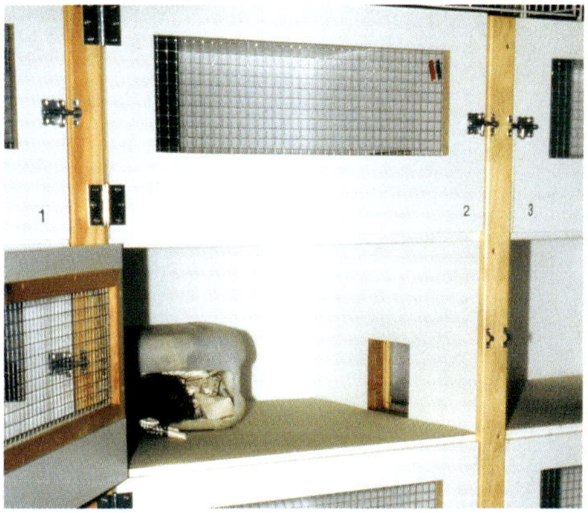

Igelstation Als Schlafhaus dient ein gut zu reinigender 10-l-Kanister. Der Karton auf dem Boden wird täglich gewechselt.

So entfernt man Außenparasiten

Fliegeneier sind weißliche, etwa 1,5 mm lange, aneinander haftende Stäbchen. Die hellen, wurmförmigen Fliegenmaden haben je nach Alter eine Länge von 0,2 bis 1 cm. Man findet sie in der warmen Jahreszeit in Wunden, aber auch auf schwachen, unverletzten Igeln und muss sie unverzüglich und sehr sorgfältig mit der Pinzette absammeln. Die Maden halten sich besonders gern an warmen Stellen auf, etwa in den Augen, in Nase, Mund, Ohren, After, Penis und Scheide sowie in den Beinbeugen.
Igelflöhe entfernt man am besten mit einem milden Flohspray. Zecken fasst man mit einer Pinzette möglichst dicht an der Haut des Igels und zieht sie ruckartig heraus. Auf keinen Fall darf man sie mit Öl, Nagellack oder Klebstoff abtöten, sie geben sonst vor ihrem Tod noch Giftstoffe in den Igelkörper ab.
Besiedeln Hunderte von sogenannten Babyzecken einen Igel, würde es für das Tier massiven Stress bedeuten, entfernte man sie alle einzeln mit der Pinzette. Besser überlässt man hier die Behandlung dem Tierarzt, der die Zecken medikamentös beseitigen kann.

RAT VOM FACHMANN

Der Weg zum Tierarzt und/oder zur Igelstation ist unerlässlich – den kann kein medizinisches Nachschlagewerk und kein Igelbuch ersetzen. Wer das erste Mal einen Igel pflegt, sollte unbedingt die Hilfe von Fachleuten in Anspruch nehmen, damit die gesundheitliche Verfassung des Tieres richtig eingeschätzt und weitere Pflegemaßnahmen besprochen werden können. Die Versorgung von Verletzungen und die Verabreichung von Medikamenten ist ohnehin Sache des Tierarztes.

Provisorische Unterbringung

Fürs Erste quartiert man den Igel in einem großen, möglichst hohen Karton ein. Igel brauchen Platz, können überraschend gut klettern und sogar Klimmzüge machen. Bade- oder Waschwannen, Eimer, Obstkisten, Hamster- und Vogelkäfige sind ungeeignet. Der Boden des Kartons wird mit Zeitungspapier ausgelegt, der Igel in eine Ecke gesetzt und mit einem Handtuch zugedeckt. So bald wie möglich muss man für den stacheligen Gast ein richtiges Gehege mit Schlafhaus anfertigen (siehe S. 56).
Igel dürfen nie frei in der Wohnung herumlaufen, sie kriechen sonst hinter oder unter Heizkörper, Möbel und Elektrogeräte und kommen nicht mehr heraus, denn im „Rückwärtsgang“ spreizen sich die Stacheln ab. ■

DIE RICHTIGE *Unterbringung*

SCHWER KRANKE ODER VERLETZTE IGEL haben kein großes Bewegungsbedürfnis, weshalb zu Anfang der Pflege ein kleines Gehege genügt. Mit fortschreitender Genesung muss man mehr Platz zur Verfügung stellen. In Igelstationen (siehe S. 55) sind die Boxen nicht nur wegen der Einzelhaltung der Tiere verhältnismäßig klein, sondern auch weil die Igel dort lediglich kurz verweilen.

Welcher Raum eignet sich?

In dem Raum, der für das Igelgehege vorgesehen ist, sollten eine Temperatur von 18 bis 20 °C und eine mittlere Luftfeuchtigkeit (40 bis 60 %) herrschen. Er muss über Lichteinfall verfügen und gut zu lüften sein. Igel sind sehr geräuschempfindlich und schlafen tagsüber. Deshalb kommen

Genug Platz Die Grundfläche des Geheges sollte mindestens 2 qm betragen. Damit sich der Igel nicht nächtens aus dem Staub macht, empfehlen sich etwa 50 cm hohe Seitenwände.

Igelgehege Ein solche Bodenbox ist zwar spartanisch eingerichtet, dafür aber gut sauber zu halten – eine wichtige Voraussetzung für eine schnelle Genesung.

Küche, Kinderzimmer, Werkstatt, aber auch Garagen, die meisten Kellerräume und Speicher aus dem einen oder anderen Grund nicht in Frage.

Das Igelgehege

Igel sind von Natur aus keine geselligen Tiere. Müssten sich zwei oder mehr Igel ein Gehege teilen, könnte es nicht nur zu Rangeleien ums Futter, sondern durchaus zu ernsthaften Beißereien kommen. Auch die Ansteckungsgefahr ist nicht zu unterschätzen. Deshalb braucht jeder Igel ein eigenes Gehege. Lediglich sehr junge Igel aus einem Wurf können bis zu einem Gewicht von ungefähr 350 g beisammen bleiben.
Das Gehege sollte mindestens 2 m² groß sein. Damit es ausbruchsicher ist, muss die Höhe der Seitenwände etwa 50 cm betragen. Am besten verfertigt man es aus Holz-, Span- oder Hartfaserplatten oder aus alten, möglichst langen und breiten Schranktüren. Wegen der „Fußwärme" hat das Gehege natürlich auch einen Boden.
Aus mehreren Kartons (zum Beispiel Verpackungen von Fernsehern oder Umzugskartons) kann ebenfalls ein Igelgehege entstehen: Man verbindet die Kartons mit Paketklebeband und schneidet in die aneinander grenzenden Seitenwände kleine Durchgänge, sodass der Igel von einem Karton in den anderen gelangen kann. Damit die Kartons feucht zu reinigen sind, beklebt man die Grundfläche und wenigstens den unteren Teil der Seitenwände mit abwaschbarer Folie. Den Boden bedeckt man mit mehreren Lagen Zeitungspapier, die man täglich, am besten morgens, wechselt. Lose Stoffe wie Katzenstreu, Torf oder Sägemehl sind ungeeignet. In feuchtem Zustand verkleben sie Pfötchen und Nase des Igels, werden ins Futter hineingetragen und sogar mitgefressen.

Autsch! Eine junge Katze lernt die Stacheln eines Igels kennen. Der wiederum dünkt sich unverletzlich.

Das Schlafhäuschen

Als Nest dient ein kleiner Karton mit etwa 30 cm Kantenlänge, der einen Boden hat und den man oben zuklappen kann. An einer Seite schneidet man ein Schlupfloch von 12 × 12 cm hinein. Das Schlafhaus wird mit reichlich zerrissenem und zerknülltem Zeitungspapier gefüllt.
Mindestens einmal in der Woche tauscht man das Papier aus, immer aber dann, wenn es feucht oder verkotet ist. Verschmutzte Kartons ersetzt man durch neue. Auf keinen Fall sollte man Laub, Heu oder Stroh als Nistmaterial verwenden. Diese natürlichen Materialien sind bei verletzten und kranken Tieren unhygienisch. Außerdem erkennt man sehr schlecht den Kot, der Aufschluss über gesundheitliche Probleme des Igels geben kann.

Igel und Haustiere

Hunde und Katzen sollte man von Igeln fernhalten! Freundschaften zwischen Haustieren und dem in den meisten Fällen kranken Wildtier Igel sind nicht erwünscht. Die gegenseitige Übertragung von Krankheiten ist nicht auszuschließen. Auch kann der Instinkt des Igels, sich bei Gefahr einzurollen, abstumpfen. Das kostet ihn vielleicht später in der Natur das Leben. ■

ARTGERECHTE *Ernährung*

DIE NATÜRLICHE NAHRUNG DER IGEL – Insekten aller Art und deren Larven, Würmer und Schnecken – ist eiweiß- und fettreich, jedoch kohlenhydratarm (siehe S. 12). Die Flügeldecken und das Skelett der Insekten bestehen aus unverdaulichem Chitin und dienen lediglich als Ballaststoff.

Gutes Futter

Bei der Zusammenstellung des Igelfutters sollte man sich an den Nährstoffgehalten der Nahrungstiere orientieren. Tierisches Eiweiß liefern Fleisch, Fisch und Eier. Diese Nahrungsmittel kocht man oder brät sie an. Durch den Garvorgang werden Bakterien abgetötet; gekochtes Ei oder Rührei ist außerdem besser verdaulich. Katzen- und Hundedosenfutter enthält mit 7,5 bis 10 % wesentlich weniger Eiweiß als die natürliche Igelnahrung und ist deshalb relativ kalorienarm; als „Basisfutter“ ist es aber brauchbar. Der Rohproteingehalt sollte jedoch mindestens 10 %, der Rohfettgehalt mindestens 5 % und der Feuchtigkeitsgehalt maximal 78 % betragen. Außerdem sollten dem Dosenfutter möglichst nicht beigemischt sein: tierische oder pflanzliche Proteinkonzentrate, Zucker, Melasse, Getreide, pflanzliche Nebenerzeugnisse und Konservierungs- und Farbstoffe sowie Gelatine. Vitamine und Mineralstoffe hingegen sind als Zusatzstoffe sinnvoll. Damit der Igel abwechslungsreich ernährt wird, füttert man nicht nur verschiedene Sorten einer Marke, sondern die Produkte mehrerer Hersteller. Das „Basisfutter“ wertet man mit „Ergänzungsfutter“ auf, also mit unterschiedlichen Fleischarten, mit Ei oder Fisch.

Großer Hunger Je kleiner ein Tier ist, desto größer ist sein Nahrungsbedarf im Verhältnis zum Körpergewicht.

IGELFUTTER-REZEPTE Es gibt viele weitere einfache Rezepte für eine gesunde und abwechslungsreiche Ernährung von Igeln. Sie finden Sie hier oder unter www.m.kosmos.de/14246/tb6

Futtervielfalt

Je vielfältiger die Nahrung, desto besser werden die Igel mit allen notwendigen Stoffen versorgt und desto eher verhindert man Mangelerscheinungen. Zusätzliche Vitamin- oder Mineralstoffgaben sind bei ausgewogener Ernährung unnötig. Lediglich zu Beginn der Pflege kann ein Nachholbedarf bestehen, jedoch darf man Vitamin- und Mineralstoffpräparate nur nach tierärztlicher Verordnung verabreichen. Wenn zum Beispiel fettlösliche Vitamine überdosiert werden, kann eine Vergiftung die Folge sein. Zur Beschäftigung und gegen die Ablagerung von Zahnstein gibt man Igeln hin und wieder zusätzlich gekochtes, enthäutetes Hühnerklein mitsamt den Knochen oder auch gekochte Rindersuppenknochen oder Schälrippchen zum Abnagen.

Das richtige Getränk

Als Getränk reicht man nur frisches Wasser. Von Tee ist abzuraten, denn der Igel trinkt wegen des für ihn eigenartigen Geschmacks vielleicht zu wenig oder gar nichts. Lediglich bei der Zwangsfütterung eines schwachen Tiers mit Flüssigkeit, die lauwarm und magenfreundlich sein soll, ist die Gabe von Fenchel- oder Kamillentee sinnvoll. Auf keinen Fall dürfen Igel Kuhmilch trinken. Sie enthält Milchzucker (Laktose). Damit der Milchzucker verdaut werden kann, muss er mit Hilfe des Enzyms Laktase in seine Bestandteile zerlegt werden. Bei Igeln fehlt dieses Enzym, weshalb die Folgen wässriger Durchfall, Blähungen und Darmentzündungen sind, die tödlich enden können.

Wann und wie wird gefüttert?

Gefüttert wird in der Regel nur einmal täglich, und zwar abends. Im Lauf der Nacht erscheint der Igel mehrmals an seinem Napf und nimmt die Nahrung in kleinen Portionen zu sich. Futter und Wasser serviert man zimmerwarm in flachen, kippsicheren Glas-, Porzellan- oder Tonnäpfen. Nahrungsreste wirft man morgens weg und spült die Näpfe anschließend heiß aus. Schwachen oder sehr jungen Igeln darf man anfangs auch tagsüber alle paar Stunden kleine Futterportionen anbieten. Die Nahrungsmenge hängt von Alter, Gewicht und dem Grad des Nachholbedarfs ab. Als Anhaltspunkt gilt, dass ein 500 g schwerer Igel pro Tag etwa 150 kcal (630 kJ) benötigt. Maßgebend ist aber immer die Gewichtszunahme. An den ersten Tagen wiegt man den Igel täglich, später nur noch wöchentlich. Ein abgemagertes Tier kann anfangs täglich 15 bis 20 g oder mehr zunehmen, später sollten es etwa 10 g pro Tag sein. ■

ZUSAMMENSETZUNG VON IGEL-NAHRUNG

Natürliche Nahrung und einfache Rezepte	Rohprotein %	Rohfett %	Kohlenhydrate %	Wasser %	kcal
100 g Igelnahrung in der Natur (Mittelwert)	15,7	4,1	1,9	73	108
50 g Katzenfutter + 50 g Rinderhack (gegart)	18,8	8,6	2,0	68,2	151
50 g Katzenfutter + 50 g Rührei (in Pflanzenöl gebraten)	13,0	7,2	2,4	72,8	133
50 g Katzenfutter + 50 g Hühnerschenkel mit Haut (gegart)	18,9	8,6	2,0	68,6	147

Probleme BEI DER ERNÄHRUNG

WENN IGEL NICHT FRESSEN WOLLEN, können die Ursachen ganz unterschiedlich sein. Durch eigene Beobachtung, oft auch dank der Erfahrungen langjähriger Igelpfleger oder eines Tierarztes lässt sich Abhilfe schaffen, zum Beispiel durch die Wahl des richtigen Futters oder durch medizinische Behandlung.

Unbedingt vermeiden!

Milchprodukte wie Quark, Joghurt, Hütten- oder Hartkäse sowie Speisereste aller Art, Kuchen, Kekse, Schokolade, Honig und Grießbrei gehören nicht auf den Speisezettel eines Igels, ebenso wenig Avocados, Bananen, Äpfel, Birnen und Nüsse. Auch Heilbutt und Brathering sind kein taugliches Igelfutter!
Es ist ein Irrtum, anzunehmen, Tiere würden nur die Nahrung fressen, die ihnen bekommt. Schon kleine Igel wissen zwar, dass sie Käfer, Würmer und Raupen jagen und fressen müssen, um zu wachsen und zu überleben, aber dieses instinktive Wissen bezieht sich nicht auf Nahrungsmittel, die in ihrem natürlichen Lebensraum nicht vorkommen, wie etwa Butterkekse oder Ölsardinen. Deshalb darf man aus der Tatsache, dass die Stacheltiere solche Nahrung fressen, nicht den Schluss ziehen, dass ihr Organismus danach verlange oder sie gut für das Tier seien. Übrigens: Vitamin C können Igel – anders als Menschen – in ihrem Körper selbst herstellen. Eine Zufuhr von außen, in Form von Obst oder Gemüse, ist also nicht nötig.

GUT GEMEINT IST OFT NICHT GUT!
In Gefangenschaft darf man Igeln keine Regenwürmer und Schnecken geben, denn sie sind häufig Überträger von Innenparasiten, die kranke Igel zusätzlich belasten. Mehlwürmer wirken Vitamin-B-zehrend.

Nahrungsverweigerung

Die häufigste Ursache für Nahrungsverweigerung ist ein Befall mit Innenparasiten. Trifft man in den nahrungsreichen Monaten ein abgemagertes Tier an, sollte man stutzig werden. In einem solchen Fall bringt auch das beste Futter den Igel nicht zum Fressen; erst müssen die Innenparasiten medikamentös beseitigt werden. Bakterielle Infektionen, sowohl innerlich als auch äußerlich, können ebenfalls Appetitlosigkeit zur Folge haben.
Gar nicht so selten hindern Probleme in der Mundhöhle einen Igel an der Nahrungsaufnahme. Eventuell hat er lockere Zähne, massiven Zahnsteinansatz, einen Fremdkörper irgendwo

im Mund oder sogar einen Kieferbruch. Selbstverständlich ist in all diesen Fällen ein sofortiger Gang zum Tierarzt angezeigt.

Die Zwangsfütterung

Ist ein stachliger Patient so krank oder schwach, dass er die selbstständige Nahrungsaufnahme verweigert, muss er zwangsgefüttert werden, sonst trocknet er womöglich aus oder verliert zu viel Gewicht.
Zur Zwangsfütterung legt man ihn mit dem Rücken in eine Hand und füttert ihn, damit er sich nicht verschluckt, in leicht sitzender Stellung, und zwar mit einer Einwegspritze, die man seitlich in sein Mäulchen steckt. Anfangs wird man den Futterbrei mit Wasser oder besser noch mit ungesüßtem Fencheltee dünnflüssig anrühren. Wenn das Tier gut schluckt, reduziert man die Flüssigkeitszugabe. Zur Zwangsernährung bieten sich eiweißreiche Diätnahrungsmittel für Katzen und Hunde an, etwa „Hill's® Prescription Diet Canine/Feline a/d" oder „Convalescence Support Instant Diet Canine/Feline" von Royal Canin®. Sie sind beim Tierarzt erhältlich. Übergangsweise kann man auch eine laktosearme, gebrauchsfertige Katzenmilch füttern. Vier- bis fünfmal täglich verabreicht man Portionen von 10 bis 30 ml, je nach Größe des Tieres. Zusätzlich bietet man dem Igel im Gehege normales Futter an, damit er so bald wie möglich selbstständig zu fressen beginnt.

Warum stinkt der Kot?

Bei alleiniger Fütterung mit Katzenfeuchtfutter ist der Kot sehr weich und stinkt. Fügt man dem Dosenfutter Ballaststoffe wie Haferflocken, Weizenkleie oder Igeltrockenfutter zu, verlangsamt man die Darmpassage und erreicht eine einwandfreie Kotbeschaffenheit.
Bei einer optimalen Futterzusammensetzung (siehe Tabelle auf S. 59) ist die Beigabe von Ballaststoffen meist entbehrlich. Igeltrockenfutter ist wegen seines hohen Kohlenhydrat- und des im Verhältnis dazu geringen Eiweißgehalts allenfalls als Beimischung brauchbar, keinesfalls als Allein- oder Aufzuchtfutter. ■

Keine Kuhmilch! Ein Wurf Igelsäuglinge versucht, das erste Mal selbst Ersatzmilch zu schlabbern.

Das schmeckt! Für den kleinen Igel hat die Zeit des Hungerns dank artgerechter Ernährung ein Ende.

DIE HÄUFIGSTEN *Plagegeister*

MANCHMAL ERFORDERT DER ZUSTAND eines Igels die unverzügliche Verabreichung eines Medikaments. Jedoch ist eine gezielte Behandlung in der Regel der prophylaktischen vorzuziehen, damit das Tier nicht unnötig mit Arzneien traktiert wird. Bei der qualitativen und quantitativen Diagnose von Innenparasiten und bakteriellen Infektionen steht die Kotuntersuchung an erster Stelle. Man sammelt den Kot des erkrankten Tieres mindestens über zwei Tage hinweg und füllt ihn in ein kleines, fest verschließbares Gefäß. Den Kot schickt man mit einem kurzen Begleitschreiben an ein tierärztliches Untersuchungsamt. Auch viele Tierärzte und manche Igelstationen führen Kotuntersuchungen durch.

Außenparasiten

Mit bloßem Auge gut zu erkennen, sind Flöhe und Zecken, außerdem Fliegeneier und -maden.

Milben Dieser Igel leidet unter Milben. Sie sehen aus wie kleine sandfarbene Körner. Nur bei genauem Hinsehen erkennt man, dass sie sich bewegen.

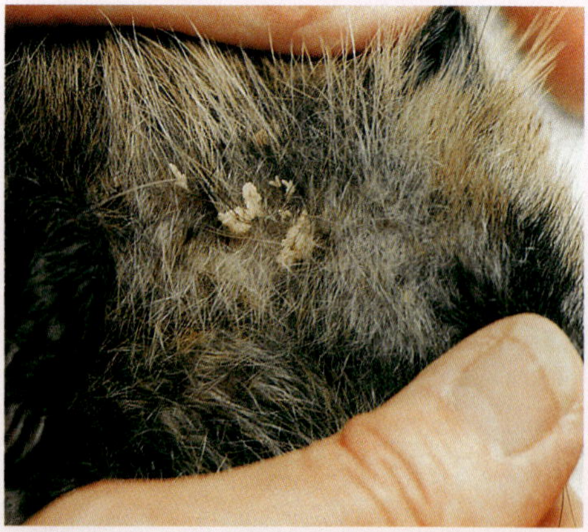

Fliegeneier Zusammengeballte Päckchen am Hals eines Igels. Die Fliegenmaden schlüpfen je nach Temperatur nach acht Stunden bis drei Tagen.

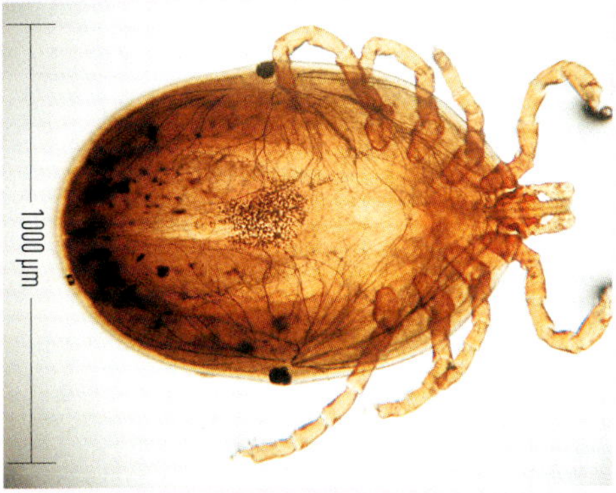

Zecke Nymphe einer Schildzecke, wie man sie oft in großer Zahl auf Igeln findet. Alle Stadien der Zecke – Larven, Nymphen und Erwachsene – saugen Blut.

Bandwurm Glieder vom Igelbandwurm im Kot eines Igels. Die etwa 3 mm breiten und 1 mm langen Bandwurmglieder sehen reiskornähnlich aus.

Sieht die Igelhaut staubig, schuppig oder wie eingepudert aus, liegt vermutlich ein Milbenbefall vor. Borkige Beläge lassen ebenfalls auf Milben, vielleicht auch auf eine Pilzerkrankung schließen. Ein massiver Befall mit Außenparasiten kann bei ohnehin schwachen Tieren Blutarmut zur Folge haben.

Innenparasiten

Sie sind eine der Hauptkrankheitsursachen bei Igeln. Ein geringer Befall mit Innenparasiten ist bei Wildtieren normal und beeinträchtigt das Wohlbefinden nicht. Ein Massenbefall jedoch kann zum Tod führen und muss daher unbedingt behandelt werden, insbesondere bei Jungigeln, deren Immunsystem noch im Aufbau ist. Zu den Innenparasiten zählen Lungenhaar- und Lungenwürmer sowie Darmhaar- und Darmsaugwürmer. Auch Kokzidien und Bandwürmer gehören in diese Kategorie. Bei Bandwurmbefall finden sich einzelne Bandwurmglieder im Igelkot. Sie sehen aus wie kleine Reiskörner (siehe Foto oben rechts). Die Larven, Eier beziehungsweise Oozysten der anderen Innenparasiten lassen sich nur unter dem Mikroskop nachweisen. Gefährlich kann den Igeln auch ein den Gregarinen verwandter Einzeller werden: Cryptosporidium. Neuere Forschungen zeigen, dass die Kryptosporidiose bei Igeln anscheinend nicht selten ist. Sie kann sich in Futterweigerung, Apathie, Abmagerung und grün-schleimigem, stinkendem Kot zeigen. Cryptosporidium lässt sich nicht mit den üblichen mikroskopischen Methoden aufspüren, sondern nur mit speziellen Tests.

Bakterielle Infektionen

Eine Infektion mit Innenparasiten kann einer Lungen- oder Darmentzündung den Weg bereiten. Behandelt man die Parasitose, erholt sich das betroffene Organ oft sogar ohne zusätzliche Antibiotika-Therapie. Bei ausgeprägten Symptomen muss sie jedoch vor oder gleichzeitig mit der antiparasitären Behandlung erfolgen. Infektionen mit Salmonellen, Escherichia coli oder anderen pathogenen Erregern lassen sich mit einer bakteriologischen Kotuntersuchung auffinden und müssen unverzüglich therapiert werden, zumal z. B. Salmonellose hochgradig ansteckend ist. Bakterien sind auch oft bei infizierten Wunden und Hauterkrankungen im Spiel. Ein Indiz dafür sind leicht herausziehbare Stacheln, wobei aus der Pore ein Eitertröpfchen quillt. ■

THERAPIE-HINWEISE Detaillierte Informationen über Medikamente und Dosierung für den Tierarzt finden Sie hier oder unter www.m.kosmos.de/14246/t7

VERLETZTE UND *kranke Igel*

DIE BEHANDLUNG VON KRANKHEITEN sollte durch Tierärzte geschehen. In vielen Fällen können aber auch Igelstationen Hilfe leisten. Ziel jeder Behandlung muss sein, das Wildtier Igel zur Wiedereingliederung in die Natur zu befähigen.

Hygiene ist wichtig!

Bei der Pflege kranker und verletzter Igel ist Hygiene enorm wichtig: Einerseits soll der Tierfreund keine Krankheiten von Tier zu Tier oder von Gehege zu Gehege übertragen, andererseits soll er sich auch nicht selbst anstecken. Manche Krankheiten, die Igel befallen, sind nämlich Zoonosen. Unter diesem Begriff sind von Tier zu Mensch (und von Mensch zu Tier) übertragbare Infektionskrankheiten zu verstehen, wie zum Beispiel Hautpilz (Trichophyton) und Salmonellose. Oberste Gebote sind natürlich die Einzelhaltung kranker Tiere und gründliches Händewaschen nach jedem Kontakt. Außerdem sollte man – je nach Krankheit – Einweghandschuhe oder sogar stachelsichere Handschuhe tragen, die nur für das betreffende Tier verwendet werden. Das Futtergeschirr weicht man entweder in einer Desinfektionslösung ein oder spült es mit einem speziellen Mittel in der Maschine. Bei der Versorgung und als Lager kranker und verletzter Igel verwendet man nur kochfeste Handtücher (95° C-Wäsche). Die Gehege oder Boxen der Igel wäscht man immer wieder mit einer desinfizierenden Lösung aus.

Verletzungen

Zuerst entfernt man mit der Pinzette Schmutz, Fliegeneier und -maden aus der Wunde. Manchmal ist eine Reinigung unter fließendem Wasser angebracht. Dann bettet man den Igel in saubere Handtücher oder Küchenkrepp. Auf keinen Fall sollte man selbst Salben oder Puder aufbringen. Gehen Sie rasch zum Tierarzt, denn nur frische

KRANKHEITSANZEICHEN

- Apathie, schwankender Gang
- Lähmungen oder Krämpfe
- erheblicher Stachelausfall
- Wunden, Brüche
- eingefallene Augen
- röchelnde Atmung oder Husten
- schorfige Beläge auf der Haut oder Abszesse
- blasse Schleimhäute
- geschwollene Beine
- Magerkeit und Nahrungsverweigerung
- Durchfall oder grüner, schleimiger, stinkender, mit Blut durchsetzter Kot

Wunden lassen sich mit Erfolg nähen. Bei infizierten Verletzungen ist eine antibiotische Behandlung erforderlich. Eine eiternde Wunde darf sich übrigens nie oberflächlich schließen, die Wundheilung muss immer von unten erfolgen. Sind innere Verletzungen oder Knochenbrüche zu befürchten, ist es sinnvoll, zu röntgen.

Hauterkrankungen

Weißgraue, borkige Beläge, ebenso Verklebungen in Stacheln und Haaren weisen auf einen Pilzbefall hin. Igel, die diese Symptome zeigen, darf man wegen der großen Ansteckungsgefahr nur mit stabilen, stachelsicheren Handschuhen anfassen.

Lähmungen

Unfälle, aber auch viele andere Ursachen können für Lähmungen verantwortlich sein, etwa bakterielle, parasitäre und virale Infektionen, Mangelerscheinungen oder falsche Ernährung.

Vergiftungen

Krämpfe werden oft als Anzeichen einer Vergiftung gedeutet, sind aber fast immer auf Erkrankungen des Magen-Darm-Trakts zurückzuführen. Nachweisen lässt sich eine Vergiftung nur durch sehr aufwändige toxikologische Untersuchungen, und auch nur dann, wenn man den Giftstoff benennen kann. Blutungen aus den Körperöffnungen können auf Rattengift (Cumarin) hinweisen.

Ballon-Igel

Solche Igel sehen aus, als habe man sie aufgeblasen. Zwischen Stachelhaut und Bindegewebe hat sich, meist nach einer Hautverletzung zum Beispiel durch einen Dorn, Gas gebildet. Der Tierarzt wird einen solchen Igel punktieren und eventuell mit Antibiotika versorgen.

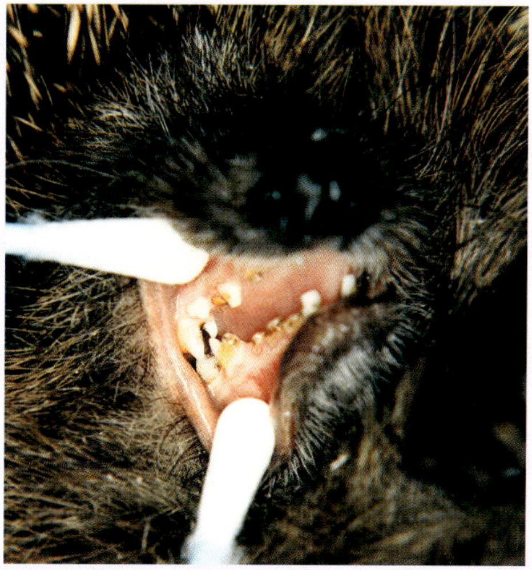

Trümmerfeld Falsche Ernährung kann zu starkem Zahnsteinansatz, Entzündungen und Zahnausfall führen.

Pop-off-Syndrom

Von einem „Pop-off-Syndrom“ spricht man, wenn der Ringmuskel, der sich beim Einrollen des Igels zusammenzieht, über das Becken gerutscht ist. Das Stachelkleid sitzt dann wie eine Mütze auf dem Rücken. Mit entkrampfenden Mitteln oder einer Narkose kann einem solchen Tier geholfen werden.

„Renner“

So nennt man Igel, die im Gehege immer auf derselben Bahn hin- und herrennen und dabei sogar blutige Spuren hinterlassen, weil die Haut an den Zehenballen durchgelaufen ist. Viele Ursachen sind möglich: Unruhe aufgrund von Bauchweh, hervorgerufen durch einen Befall mit Darmparasiten; Winterschlafbereitschaft ohne die Möglichkeit, diesen (im warmen Raum) anzutreten; Zugluft unter einer Türe hindurch oder von einem gekippten Fenster oder auch „nur“ Sehnsucht nach der Freiheit. ■

Aufzucht VERWAISTER IGELSÄUGLINGE

STRENG GENOMMEN SIND JUNGIGEL bis zur sechsten Lebenswoche „Säuglinge“, denn so lange bekommen sie Muttermilch. Allerdings geht der Anteil der Milch an der Gesamtmenge der Nahrung ab der vierten Lebenswoche stetig zurück. Im allgemeinen Sprachgebrauch versteht man unter „Igelsäuglingen“ jedoch Jungigel, die noch nicht selbst fressen können. Dies ist in der Natur etwa bis zum 24. Lebenstag der Fall – so lange sind Igelbabys Nesthocker.

Warme Unterbringung

Igelbabys können ihre Körpertemperatur noch nicht selbst kontrollieren. Außerhalb des wärmenden Nests und ohne Kontakt zu den Wurfgeschwistern kühlen sie schnell aus. Das trifft bei „Findelkindern“ oft zu. Als Igelnest eignet sich ein Karton, der etwa doppelt so groß ist wie eine Gummiwärmflasche. Man füllt die Wärmflasche mit gut handwarmem Wasser und legt ein zweimal gefaltetes Handtuch sowie einige Blätter Küchenpapier darüber. Darauf setzt man die Igelsäuglinge und deckt sie mit einem weiteren Handtuch zu. Den verbleibenden Platz legt man mit so vielen Lagen Zeitungspapier aus, dass kein Absatz zur Wärmflasche entsteht. Bei Bedarf können die Igelbabys in diesen kühleren Bereich kriechen.

Nach jeder Fütterung erneuert man beschmutztes Küchenpapier und den Inhalt der Wärmflasche. Bei der Verwendung von Heizkissen oder Rotlichtlampen besteht die Gefahr einer tödlichen Überhitzung.

ALTERSBESTIMMUNG VON IGELSÄUGLINGEN

Alter	Hautfarbe	Stacheln	Fell	Augen + Ohren	Zähne	Gewicht in g
Geburt	rosa	weiß	ohne	geschlossen	keine	12–25
1 Woche	rosa	einzelne dunkle	ohne	geschlossen	keine	30–50
2 Wochen	grau	dunkel	etwas Flaum	öffnen sich	keine	60–80
3 Wochen	grau	dunkel	vorhanden	offen	stoßen durch	100–130
4 Wochen	grau	dunkel	dicht	offen	vollzählig	140–180

Frisch geboren Igelmutter mit Neugeborenen. Schon 36 bis 60 Stunden nach der Geburt beginnen dunkle Stacheln zwischen den weißen zu sprießen.

Nach wenigen Tagen Schon in ihren ersten Lebenstagen runzeln Igelbabys die Stirn, im Alter von einer Woche beginnen sie mit dem Aufstellen der Stacheln.

Altersbestimmung

Damit die Pflege der Igelchen von vornherein den richtigen Verlauf nimmt, ist die Bestimmung des Alters unerlässlich (siehe Tabelle). Hierbei richtet man sich besser nach Aussehen und Entwicklung der Igelbabys als nach ihrem Gewicht. Letzteres ist oft abhängig von Faktoren, die dem Pfleger unbekannt sind, wie etwa der Größe des Wurfs, Alter und Gesundheitszustand der Mutter oder der Zeitspanne, in der die Säuglinge hungerten.

Ungeziefer und Parasiten

Flöhe, Zecken, Fliegeneier und -maden sammelt man mit der Pinzette sorgfältig ab. Auf keinen Fall dürfen Insektizide angewendet oder die Säuglinge gebadet werden.
Da Innenparasiten fast nur durch Nahrungstiere, zum Beispiel Regenwürmer, sehr selten aber vor der Geburt bzw. über die Muttermilch übertragen werden, ist eine Entwurmung von Igelbabys fast immer unnötig, ja sogar lebensgefährlich. Antiparasitika sollten niemals „auf Verdacht“, sondern nur bei spezifischen Symptomen und nach einer positiven Kotuntersuchung verabreicht werden.

Markieren und Wiegen

Damit man die Igelbabys unterscheiden kann, markiert man sie an jeweils verschiedenen Stellen des Stachelkleids mit einem kleinen Tupfer Nagellack oder Acrylfarbe. Jeder Igel wird – möglichst auf einer grammgenauen Digital-Briefwaage – täglich zur gleichen Zeit, am besten morgens vor der ersten Fütterung, gewogen.

Das Baby-Protokoll

Bei Igelsäuglingen ist die Führung eines Protokolls mindestens ebenso wichtig wie bei älteren Igeln. Unter dem Namen des Igelbabys (z. B. „Punkt vorne“) schreibt man neben dem Datum und der Uhrzeit jeden Morgen das Körpergewicht und während des Tages die Menge der bei jeder Mahlzeit getrunkenen Portion auf. Täglich addiert man die Zahlen zur Gesamt-Milchmenge in 24 Stunden. Auch die Entwicklungsfortschritte sollte man unbedingt vermerken, etwa „Augen öffnen sich“, ebenso Besonderheiten, beispielsweise, wenn kein Kot abgesetzt wurde. Wenn Probleme, wie Blähungen, wunder After, Verstopfung oder Durchfall, auftreten, sollte man rasch einen igelerfahrenen Tierarzt oder eine Igelstation befragen. ■

Fütterung
VON IGELBABYS

DER KERNPUNKT BEI DER ERNÄHRUNG verwaister Igelsäuglinge ist die Wahl der richtigen Ersatzmilch. Der Eiweißgehalt der Igelmuttermilch beträgt ungefähr 16 %, der Fettanteil liegt sogar bei etwa 25 %. Igelmuttermilch ist also wesentlich energiereicher als Kuhmilch. Den in Kuhmilch reichlich vorhandenen Milchzucker (Laktose) enthält die Igelmuttermilch nur in Spuren.

Käufliche Ersatzmilchprodukte sind eiweiß- und fettärmer als Igelmuttermilch und enthalten vor allem viel Milchzucker. Ein Präparat, dessen Laktosegehalt selbst kleinste Igelbabys meist tolerieren, ist Esbilac®, eine Hundewelpenmilch, die nur beim Tierarzt erhältlich ist. Igelbabys, die älter als eine Woche sind, kann man auch mit „Royal Canin Babycat milk®" oder „Babydog milk®" füttern. Damit keine Mangelerscheinungen durch die Eiweißunterversorgung entstehen, gewöhnt man die Säuglinge möglichst früh – etwa ab dem 19. Lebenstag – an selbstständige Nahrungsaufnahme.

Die Futtermenge pro Tag soll etwa 25 % des Körpergewichts betragen und wird über 24 Stunden verteilt in kleinen Rationen gegeben. Bis zum Beginn der Augenöffnung (mit etwa 14 Tagen) muss auch nachts gefüttert werden, damit die Igelchen eine ausreichende Nahrungsmenge in kleinen Portionen erhalten. Beispiel: Ein 60 g schwerer Igel bekommt pro Tag ungefähr 15 ml Ersatzmilch. Bei acht Mahlzeiten ergibt das knapp 2 ml pro Mahlzeit. Ist die Ersatzmilch nicht sofort zur Hand, versorgt man wenige Tage alte Säuglinge mit Fencheltee. Älteren Babys gibt man die Präparate, die man zur Zwangsfütterung (siehe S. 61) verwendet.

So wird gefüttert

Auf 2-ml-Einwegspritzen stülpt man einen Aufsatz aus Weichplastik (fragen Sie beim Tierarzt danach). Pipetten und Puppenmilchflaschen eignen sich nicht. Man legt den Igelsäugling auf den Rücken in eine Hand und hält ihn mit dem Daumen fest. Tritt er mit den Vorderfüßchen dagegen, führt er den „Milchtritt" aus, der sonst gegen das Gesäuge der Igelmutter gerichtet ist und den Milchfluss anregt.

Toiletting

Igelbabys sind erst dann in der Lage, allein Urin und Kot abzusetzen, wenn sie auch selbstständig fressen. Bis dahin beleckt die Igelmutter die Jungen und nimmt dabei die Ausscheidungen auf. So hält sie das Nest sauber. Vor und/oder nach jeder Mahlzeit massiert man geduldig mit dem

Unwiderstehlich Gut drei Wochen alt ist dieser Wonneproppen. Ein Anblick wie dieser entschädigt für die mühsame und schlafarme Zeit der Aufzucht.

Der erste Tag Ein 24 Stunden alter Igelsäugling. Wenigstens einmal sollte ein Igelbaby bei seiner Mutter Milch getrunken haben, damit die Handaufzucht eine Chance hat.

angefeuchteten Finger oder einem Wattestäbchen Bauch, Geschlechtsteile und Aftergegend, bis sich Erfolg einstellt. Gesunder Babykot besteht aus grünen, aneinander klebenden Knöllchen. Nahrungsreste, Kot und Urin reizen die zarte Haut der Igelbabys. Vor und nach jedem Toiletting betupft man daher vor allem die Aftergegend mit Baby-Öl und entfernt Verunreinigungen mit einem ölgetränkten Läppchen.
Kot und Urin im Nest bedeuten, dass die Babys dringend „müssen". Bei frisch aufgefundenen Igelbabys sollte man sofort „Toiletting" durchführen. Sie konnten sich womöglich stunden- oder tagelang nicht entleeren.

Der Weg zur Selbstständigkeit

Etwa vom 19. Lebenstag an setzt man die Säuglinge vor der Spritzenfütterung an ein flaches Tellerchen mit Ersatzmilch. Natürlich muss man anfangs mit der Spritze „nachfüttern". In den folgenden Tagen mischt man winzige Mengen sehr fein gemahlenes Rinderhack ohne Sehnen (nur ganz frisch) oder Rührei darunter. Anfangs bleibt der „Bodensatz" übrig, wird aber bald mitgefressen. Je schneller die Umstellung auf die normale, noch zerkleinerte Erwachsenenkost vollzogen ist, desto besser. Im Alter von 30 Tagen sollten Igelkinder normale Igelnahrung fressen und nur noch Wasser trinken. Hört man zu spät mit der Spritzenfütterung auf, zieht man „ewige Flaschenkinder" heran! Große Würfe teilt man in kleine Gruppen und stellt den Igeln so viele Futterschüsseln hin, dass alle gleichzeitig fressen können. Bereits mit einem Gewicht von etwa 250 g kann man sie in ein Freigehege setzen. Je kühler die Nächte, desto höher – bis etwa 400 g – sollte das Gewicht der Jungigel vor der Umsiedlung sein. Im Gehege wird wie gewohnt weitergefüttert, denn die wenigen Insekten darin reichen nicht aus, um die heranwachsenden Igel zu sättigen. Nach dem ungefähr 14-tägigen Aufenthalt im Gehege, in dem sich die Igeljungen akklimatisieren, außerdem ihre Muskeln trainieren und lernen, Käfer zu jagen und Würmer auszugraben, entlässt man sie in die Natur. ■

ERNÄHRUNG Eine Übersicht über die zu verabreichende Nahrungsmenge und die Anzahl der Mahlzeiten bei der Aufzucht von Igelbabys finden Sie hier oder unter www.m.kosmos.de/14246/tb8

Winterschlaf VON NOVEMBER BIS MÄRZ

BEI JEDEM IM HERBST aufgenommenen Jungigel muss man überlegen, ob er nicht doch noch vor dem Winter ausgewildert werden kann, wobei ja noch eine Weile eine Zufütterung im Garten möglich ist. Erreicht ein hilfsbedürftiger Jungigel jedoch erst nach Wintereinbruch ein ausreichendes Gewicht, sollte er auch in häuslicher Obhut Gelegenheit zum Winterschlaf bekommen.

Das Winterschlafgewicht

Die Faustregel besagt, dass Jungigel in der Natur Anfang November um 500 g wiegen sollten, damit sie eine gute Chance haben, das kommende Frühjahr zu erleben. Bei Jungigeln in Gefangenschaft wird man ein etwas höheres Gewicht anstreben, und zwar etwa 600 bis 700 g, damit man sich um den Igel auf keinen Fall sorgen muss. Altigel sollten nicht weniger als 1000 g auf die Waage bringen. Zu Beginn des Winterschlafs nimmt der Igel täglich bis zu 4 g, später nur noch 1 bis 2 g pro Tag ab.

Unterbringung

Der geeignete Ort für den Winterschlaf ist ein kaltes Zimmer, besser noch der Balkon, die Terrasse oder ein Gartenhäuschen. Man kann dem Igel auch ein Freigehege bauen. Kellerräume sind meist zu warm. Die Umgebungstemperatur sollte etwa der Außentemperatur entsprechen oder sie nur wenig übersteigen. Bei höheren Temperaturen fällt der Igel in einen Kräfte zehrenden Dämmerschlaf, in dem er weder fressen noch winterschlafen kann und daher rasch an Gewicht verliert. Wenn man das bisher benutzte Schlafhäuschen in einen größeren Karton, besser noch

Ein-Zimmer-Wohnung Ein Freigehege ist als Winterquartier ideal, wenn der Igel es für sich allein hat. Mehrere Igel schlupfen zumeist in einem Schlafhaus zusammen und stören sich gegenseitig so, dass keiner winterschlafen kann.

in ein Holzhäuschen mit einer Kantenlänge von etwa 40 cm setzt (siehe unten), wird daraus ein Winterschlafhaus. Das Überhaus versieht man natürlich mit einem deckungsgleichen Schlupfloch. Die Zwischenräume isoliert man rundum mit reichlich zusammengeknülltem Zeitungspapier.

Überwachung

Normalerweise füttert man den Igel in seinem Winterquartier noch so lange, bis er das Futter nicht mehr anrührt, weil er eingeschlafen ist. Bei manchem Igel reicht der Kältereiz als Winterschlafauslöser allerdings nicht aus. Manchen überzeugt erst Nahrungsmangel davon, dass er nun schlafen sollte. Solchen Igeln entzieht man für drei Tage jegliches Futter, nicht aber das Trinkwasser. Hat sich der Igel endgültig zurückgezogen, befestigt man ein Blatt Toilettenpapier mit Klebestreifen vor dem Schlupfloch. So ist bei der täglichen Kontrolle auf einen Blick zu sehen, ob das Tier nachts sein Häuschen verlassen hat, also aufgewacht ist.

Gut isoliert Ein Winterschlafhaus besteht aus zwei Teilen – innen ein Karton, außen ein Holzhaus, dazwischen als Isolierung viel zusammengeknülltes Papier. In solch einer Burg übersteht ein Igel auch tiefste Minustemperaturen.

WARUM WINTERSCHLAF IN HÄUSLICHER OBHUT?

- Er verkürzt die Zeit der spürbaren Gefangenschaft.
- Igel, die winterschlafen, sind im Frühjahr besser akklimatisiert.
- Die Igel vergessen während des Winterschlafs ihre Bindung an den Pfleger (wichtig bei Handaufzuchten).
- Igel ohne Winterschlaf zeigen Verhaltensstörungen („Renner"), verweigern die Nahrung oder fallen im geheizten Raum in einen Dämmerschlaf.
- Ohne Winterschlaf legen Igel so viel Gewicht zu, dass sie verfetten.
- Der Pfleger spart Arbeit, Zeit und Geld, wenn das Stacheltier schläft!

Als „Notration" stellt man nun ein Schälchen mit Igeltrockenfutter ins Gehege. Frisches Wasser muss immer verfügbar sein.

Kommt es bei steigenden Temperaturen zu längeren Unterbrechungen des Winterschlafs, gibt man dem Igel das normale, eiweißreiche Futter, man nimmt ihn aber auf keinen Fall ins Warme.

Nach dem Winterschlaf

Im März oder April erwacht der Igel aus dem Winterschlaf. Man kann ihn nicht sofort aussetzen, denn er hat stark an Gewicht verloren und muss erst wieder zu Kräften kommen. In der Natur würde ein früh Erwachter nur ein spärliches Nahrungsangebot vorfinden. Deshalb füttert man den Pflegling erst auf das Gewicht auf, das er vor dem Winterschlaf hatte, ehe man ihn freilässt. Diese Phase dauert im Allgemeinen zwei bis drei Wochen. ■

DER WEG IN DIE FREIHEIT *Auswilderung*

ALLE IGEL, gleich ob ehemals verletzt, krank oder hilflos, muss man, so sagt das Bundesnaturschutzgesetz, nach der Genesung beziehungsweise Aufzucht in die Freiheit entlassen. Die am häufigsten in Pflege genommenen Igel sind Jungtiere, die im Spätherbst aufgenommen wurden und von denen man nur einen Teil noch im Herbst freilassen kann. Viele müssen in menschlicher Obhut überwintern und dürfen erst im Frühjahr zurück in die Natur. Bedingung für die Auswilderung ist, dass der Igel gesund ist, selbstständig Nahrung suchen kann und die Jahreszeit diese auch bietet. Ein gesunder Igel hat einen guten Appetit, normalen Kot, keine bakterielle Infektion und keinen oder nur einen geringen Befall mit Innenparasiten.

Erst ins Freigehege oder gleich in die Natur?

Nur kurze Zeit aus der Natur entnommene, gesund gepflegte Igel kann man jederzeit (nur nicht im Winter!) ohne irgendwelche Vorbereitungen wieder laufen lassen.
Handaufgezogene Säuglinge, aber auch kleine Jungigel, die mit 100 bis 200 g in Menschenhand kamen und zuvor noch nie oder nur sehr kurze Zeit selbst natürliches Futter gesucht haben, sollte man über ein Gehege im Garten (siehe S. 74/75) auf das Leben in Freiheit vorbereiten. Die Natur plant für diesen Lernvorgang gut zwei Wochen ein. So lange säugt die Igelmutter die Jungen noch, obwohl diese schon selbst auf Nahrungssuche gehen.
Ältere Jungigel, die man im Frühjahr aussetzt, kann man ohne den Umweg über ein Gehege in die Natur entlassen, wenn sie nach dem Winterschlaf wieder ein Gewicht von 600-bis 700 g erreicht haben. Frei gelassene Jungigel verlieren in den ersten zwei bis drei Wochen nach der Auswilderung an Gewicht – wahrscheinlich ist die neue Welt so aufregend, dass sich die Igel vor lauter Umherwandern nicht genug Zeit zur Nahrungssuche nehmen, die zudem viel mühseliger ist, als in der Gefangenschaft. Wenn möglich, sollte deshalb in der ersten Zeit ein Teller mit der gewohnten Nahrung bereitstehen.

Zeitpunkt

Für Igel, die in menschlicher Obhut überwintert haben, ist die Zeit zum Auswildern gekommen, wenn im Frühjahr Sträucher, Hecken und Bäume ergrünen und die Nahrungstiere der Igel wieder vorhanden sind. Die Außentemperaturen sollten

Der Winter ist vorbei Nach der Auswilderung beginnt die Zeit der Selbstständigkeit und der Abenteuer.

Ade Gesund und gut genährt ausgewildert, strebt er – mit leicht gesträubten Stacheln – der Freiheit entgegen.

anhaltend mild sein. Im Flachland kann man Igel Anfang bis Mitte April aussetzen, in den Mittelgebirgen oft erst Ende April. Ein guter Anhaltspunkt für den Zeitpunkt der Auswilderung ist die Aktivität der Regenwürmer, die im Frühjahr wichtige Nahrungstiere sind. Betrachtet man morgens die Wiese im Garten, so entdeckt man kleine Häufchen. Dies ist der Kot der Regenwürmer, den sie an die Erdoberfläche schieben, was bedeutet, dass sie sich in den oberen und für den Igel erreichbaren Bodenschichten befinden. Sind die Häufchen dauerhaft zu beobachten, kann man den Stachelfreund getrost entlassen!

Wo wildert man aus?

Das Gebiet, in dem der hilfsbedürftige Igel aufgegriffen wurde, ist meist ein guter Lebensraum mit genügend Unterschlüpfen und Nahrung. Igel haben ein ausgezeichnetes Ortsgedächtnis. Sie kennen Durchschlüpfe in Zäunen, Umwege zur Überwindung von Mauern und besonders nahrungsreiche Plätze. Werden sie in einem unbekannten Gebiet ausgesetzt, müssen sie sich all diese Kenntnisse neu aneignen und sind gegenüber ihren frei lebenden Artgenossen im Nachteil. Handaufgezogene Igel besitzen zwar keine Erinnerung an ihren Geburtsort, aber auch für sie gilt, dass sie möglichst dort wieder ausgewildert werden sollten, wo sie herstammen. Droht dem Igel dort jedoch unmittelbare Gefahr – etwa durch eine Baustelle oder eine stark befahrene Straße –, muss man einen neuen Lebensraum suchen.

Im Auswilderungsgelände sollen Deckung und Nahrung vorhanden sein. In Frage kommen vor allem Siedlungsrandbereiche mit Gärten und älterem Busch- und Baumbestand. Manchem mag auch ein mit Sträuchern bewachsener Waldrand oder ein Bauernhof mit alten Schuppen, Obstbäumen, einem Garten und einem Bach in der Nähe bekannt sein. Vielleicht bietet sich auch der eigene Garten als Auswilderungsort an, wenn er das Attribut „igelfreundlich" verdient (siehe S. 30 bis 41).

So wird ausgewildert

Den Igel bringt man abends an den Fundort oder in den ausgekundschafteten neuen Lebensraum. An einer geschützten Stelle in einer Hecke oder unter Gebüsch bereitet man ihm ein Heunest (Heu fällt in der Landschaft weniger auf als Stroh) und legt noch etwas Futter aus. Natürlich lässt man in der freien Natur keine Kartons oder Futterteller zurück. Vielleicht bringt ein in der Nähe wohnender Tierfreund noch einige Abende Futter in die Umgebung des Nestes. ■

AUSWILDERUNG IM GARTEN *Freigehege*

DAS FREIGEHEGE dient nicht nur als „Jagdgebiet", sondern ermöglicht es den längere Zeit auf relativ kleinem Raum eingesperrten Igeln, ihre Muskeln zu trainieren, die sie später zu ihren ausgedehnten Beutezügen befähigen.

Der beste Platz

Als Standort für ein Auswilderungsgehege wählt man einen mit Gras bewachsenen Platz, der teilweise durch Bäume oder hohe Sträucher beschattet ist. Gut ist, wenn auch im Gehege selbst einige Büsche stehen. Ist der eigene Garten als Auswilderungsort für den gesund gepflegten Igel vorgesehen, kann er nach Öffnen oder Abbau des Geheges langsam abwandern. Schlaf- und Futterhaus belässt man noch eine Weile an Ort und Stelle; bisweilen kehren die Stacheltiere einige Tage oder Wochen zum Schlafen oder Fressen an ihren gewohnten Platz zurück. Diese „sanfte Auswilderung" ist besonders für handaufgezogene Jungigel empfehlenswert.

Transportabel Einfache Steckgehege lassen sich immer wieder neu verwenden. Die vorgefertigten Einzelelemente sind mit einem durch Ösen geführten Eisenstab verbunden.

Freigehege Will man den Igel entlassen, baut man in den Zaun ein Tor. Ein in den Boden eingelassenes Brett als unterer Anschlag verhindert, dass sich der Igel darunter durchbuddeln kann.

Selbst gebaut Im Freigehege lernen handaufgezogene Igel die Natur kennen. Die Grundrisse zeigen den Aufbau des Schlafhauses (links) und des Futterhauses (rechts). Die Häuser stehen zur besseren Säuberung auf Gartenplatten.

Der Bau eines Freigeheges

Für den Zaun lassen sich Holzbretter, Palisadenhölzer oder feiner Maschendraht (Kaninchendraht) verwenden. Er sollte mindestens 50 cm hoch sein und – um Ausbruchsversuche zu vereiteln – etwa 15 cm in den Boden eingegraben werden. Einen Drahtzaun schließt man wegen der Kletterkünstler unter den Igeln oben mit einem waagrecht auf die Zaunpfosten genagelten, nach innen ragenden Brett ab. Das Gehege versieht man mit einem regendichten, gut isolierten und mit Haferstroh gefüllten Schlafhaus und einem Futterhaus (siehe Zeichnung).

Überlebenschancen

Mit bangem Herzen fragt sich mancher Igelfreund: Wird mein Schützling später in Freiheit überleben? Die Antwort heißt ja, er hat gute Chancen! Zitat aus dem Abschlussbericht der „Forschungsgruppe Igel Berlin“: „Von den in menschlicher Obhut überwinterten und wieder freigelassenen 164 Jungigeln wurden nach 9 bis 43 Monaten 76,6 % wiedergefunden. (…) Dieses Ergebnis erlaubt die Aussage, dass sich Jungigel nach der Überwinterung in Menschenhand, sachgemäße Haltung und Fütterung vorausgesetzt, wieder in der Natur zurechtfinden.“ ▪

Literaturtipps

- Biermann, Claudia: **Igel im naturnahen Garten.** av-Buch im Cadmos-Verlag, Schwarzenbek, 2013
- Günzel, Wolf-Richard: **Lebensräume schaffen.** pala, Darmstadt 2006
- Günzel, Wolf-Richard: **Der igelfreundliche Garten.** pala, Darmstadt 2008
- Kleinod, Brigitte: **Nachts in meinem Garten.** pala, Darmstadt 2013
- Richarz, Klaus: **Natur erleben rund ums Haus.** Kosmos, Stuttgart 2013
- Thomas, Adrian: **Gärtnern für Tiere.** Haupt, Bern 2013
- Zefferer, Marcel u. a.: **Igelfreundlicher Garten.** Verlag Pro Igel, Lindau/B. 2. Aufl. 2013

Nützliche Adressen

Vereine in Deutschland

Pro Igel, Verein für integrierten Naturschutz Deutschland e. V.
Geschäftsstelle
Lilienweg 22
D-24536 Neumünster
Telefon: 0 18 05 / 5 55 95 55
E-Mail: info@pro-igel.de
www.pro-igel.de

- Überregional tätiger Igelschutzverein: Öffentlichkeitsarbeit, zahlreiche Publikationen für den Schutz des heimischen Igels, Anleitungen zur sachgemäßen Betreuung hilfsbedürftiger Igel, Beratung von Igelfindern, Sammlung und Förderung von Forschungsarbeiten über Igel, Informationen rund um Igel, -schutz und -hilfe, kostenlose, halbjährlich erscheinende Fachzeitschrift „Igel-Bulletin", auch online.

Igelfreunde Leipzig und Umgebung e. V.
D-04249 Leipzig
Telefon: 03 41 / 4 24 76 62
E-Mail: info@igelschutzzentrum.de
www.igelschutzzentrum.de

- Im Igelschutzzentrum, einer Einrichtung des NABU und des Vereins „Igelfreunde Leipzig und Umgebung", werden kranke bzw. in Not geratene Igel vorübergehend stationär aufgenommen, veterinärmedizinisch betreut und gesund gepflegt. Umweltbildung mit Focus auf den Igel.

Arbeitskreis Igelschutz Berlin e. V.
D-13467 Berlin
Telefon: 0 30 / 4 04 92 51
E-Mail: info@igelschutzberlin.de
www.igelschutzberlin.de

- Der Verein unterhält einige Igelstationen, in denen kranke bzw. in Not geratene Igel vorübergehend gepflegt werden, und berät auch in Igelfragen.

Igel-Schutz-Initiative e. V. (IGSI)
D-30880 Laatzen
Telefon: 05 11 / 23 31 61
E-Mail: info@igelhaus-laatzen.de
www.igelhaus-laatzen.de

- Anlaufstelle für ratsuchende Igelfinder und umweltpädagogische Einrichtung. Hilfsbedürftige Igel werden ambulant oder stationär betreut.

Igelschutz-Interessengemeinschaft e. V.
D-42389 Wuppertal
Telefon: 02 02 / 60 34 03
E-Mail: geschaeftsstelle@igelschutz-ev.de
www.igelschutz-ev.de/

- Auskunft und Beratung in Igelfragen, Anleitung zur igelfreundlichen Garten- und Umweltgestaltung mit einer Vorzeigeeinrichtung „Igelgarten".

Vereine in der Schweiz

pro Igel Schweiz
CH-8332 Russikon
Telefon: +41 (0) 44 / 7 67 07 90
E-Mail: info@pro-igel.ch
www.pro-igel.ch

- Ausführliche Website mit vielen sachdienlichen Informationen. Der Verein gibt halbjährlich das Schweizer Igel-Bulletin heraus, auch online.

Igelzentrum Zürich
CH-8044 Zürich
Telefon: + 41 (0) 44 / 3 62 02 03
(Montag bis Freitag von 16 bis 18 Uhr)
E-Mail: info@izz.ch
www.izz.ch
www.igelzentrum.ch

- Ausführliche und gut bebilderte Informationen. Informationsblatt „Igel & Umwelt" erscheint dreimal jährlich, auch online.

Vereine in Österreich

Naturschutzbund Österreich
A-5020 Salzburg
E-Mail: bundesverband@naturschutzbund.at
www.naturschutzbund.at

- Informationen über Igel, außerdem kostenlose Online-Broschüre „Igel in Wien" und die Möglichkeit, Igelfunde zu melden (www.naturbeobachtung.at/igelinwien).

Igelhilfe Österreich
A-5310 Mondsee
Telefon: +43 (0) 6 64 / 1 11 56 42
E-Mail: reiga@gmx.at
www.igelhilfe.net

- Auskunft und Beratung in Igelfragen, Igelstation.

Verein in Italien

S.O.S. RICCI o.n.l.u.s.
Centro die recupero Animali Selvatici
I-42046 Reggiolo RE
Telefon: +39 (0) 3 39 / 2 94 23 29
E-Mail: info@sosricci.it
www.sosricci.it

- Information über Igel auf Italienisch, Deutsch und weiteren Sprachen. Hier kann man Wildtierauffangstationen in ganz Italien finden.

Die Autorin

Monika Neumeier beschäftigt sich seit über 40 Jahren mit der Aufzucht, Pflege und Biologie von Igeln in Theorie und Praxis. Über 20 Jahre führte sie eine große Igelstation. Sie ist stellvertretende Vorsitzende des Vereins Pro Igel e. V., Chefredakteurin der überregionalen Igelfachzeitschrift „Igel-Bulletin" und verfasste zahlreiche Veröffentlichungen über Igel und Igelhilfe.

Register

Hervorgehobene Seitenzahlen verweisen auf Abbildungen.

IMPRESSUM

Bildnachweis

Mit 86 Farbfotos von:

Otmar Diez, Sulzthal: 10; Digitalstock/B.Z.: 30 li.; Digitalstock/C.E.: 52; Digitalstock/E.W.: 7 o.; Digitalstock/gosia: 21 re.; Digitalstock/K.B. 6 re.; Digitalstock/Prill 31 u.; enduro/iStock 69 li.; Barbara Hirsiger, Almaty: 9; Igelzentrum Zürich: 41; Bildagentur ipo, Linsengericht: 13, 17 (beide), 35, 36, 39 (beide), 43, 48 re., 51 re., 58, 67 re., 69 re.; Julius Images/W. Redeleit, Lüneburg: 22, 30 re., 40; Kosmos/Kathrin Schrof, Stuttgart: 19; Kosmos/Tatyana Momot, Stuttgart: 24; Gerard Lacz/Okapia: 6 li.; Dora Lambert, Berlin: 62 (beide), 63 (beide), 65; Lothar Lenz/Okapia: 48 li.; Denis Nata/iStock: 49 u.; Prill/iStock: 7 u.; Bild- und Medienarchiv Pro Igel e.V.: 25 li.; Bild- und Medienarchiv Pro Igel e.V./Birgit Hansen: 44; Bild- und Medienarchiv Pro Igel e.V. /Hofmann: 61 re.; Bild- und Medienarchiv Pro Igel e.V./Dora Lambert: 50; Bild- und Medienarchiv Pro Igel e.V./ von der Mehden: 23 li.; Bild- und Medienarchiv Pro Igel e.V./Meissner: 56; Bild- und Medienarchiv Pro Igel e.V./Monika Neumeier: 55 re., 61 li., 67 li., 74 re.; Bild- und Medienarchiv Pro Igel e.V./IGSI/Heike Philipps: 74 li.; Bild- und Medienarchiv Pro Igel e.V./Thomas Pilz: 42; Bild- und Medienarchiv Pro Igel e.V./Polizei Aschaffenburg: 31 o.; Reinhard-Tierfoto/Hans Reinhard, Heiligkreuzsteinach-Eiterbach: Umschlaginnenseite, 3 re., 11, 12, 14 (beide), 15 li., 18, 20, 26, 27, 32 li., 33 re., 34, 38, 46/47, 49 o., 51 li., 55 li., 70, 73 (beide); Reinhard-Tierfoto/Nils Reinhard, Heiligkreuzsteinach-Eiterbach: 2, 3 li., 4/5, 28/29, 32 re., 33 li., 37 (beide), 45, 57; M. Soldatenkov/iStock: 54; Bildagentur Waldhäusl: 15 re.; Bildagentur Waldhäusl/Cornelia & Ramon Doerr: 21 li.; Bildagentur Waldhäusl/Rolf Mueller: 25 re.

Mit 9 Illustrationen von

A. Helfricht, aus Senckenbergiana lethaea 1993, 73, veröffentlicht in der FAZ vom 08.09.1993:15: 8; Johannes-Christian Rost, Stuttgart: 16, 23 re., 44, 53, 56, 71, 75, 80.

Impressum

Umschlaggestaltung von Gramisci Editorialdesign, München unter Verwendung eines Farbfotos von Bildagentur Waldhäusl/ Jan Gläßer (Umschlagvorderseite) und eines Farbfotos von Flora Press/BIOSPHOTO (Umschlagrückseite).

Mit 86 Farbfotos und 9 Farbzeichnungen..

Alle Angaben in diesem Buch sind sorgfältig geprüft und geben den neuesten Wissensstand bei der Veröffentlichung wieder. Da sich das Wissen aber laufend in rascher Folge weiterentwickelt und vergrößert, muss jeder Anwender prüfen, ob die Angaben nicht durch neuere Erkenntnisse überholt sind. Dazu muss er zum Beispiel Beipackzettel zu Dünge-, Pflanzenschutz- bzw. Pflanzenpflegemitteln lesen und genau befolgen sowie Gebrauchsanweisungen und Gesetze beachten. Die Blütenfarben sind sortenabhängig, daher können auch Farben auf dem Markt sein, die im Buch nicht genannt werden. Die Blütezeiten sind ebenfalls sortenabhängig, aber auch klima- und standortabhängig. Die angegebenen Wuchshöhen und -breiten der Pflanzen sind Mittelwerte. Sie können je nach Nährstoffgehalt des Bodens variieren. Verschiedene Sorten können deutlich größer oder auch kleiner wachsen als die Art.

Es wird empfohlen für die Online-Zusatzangebote WLAN zu verwenden. Das mobile Surfen ohne WLAN kann dazu führen, dass zusätzliche Kosten für die Datennutzung bei Ihrem Mobilfunkanbieter entstehen.

Gedruckt auf chlorfrei gebleichtem Papier

ISBN 978-3-440-14246-2
Projektleitung: Carolin Küßner
Redaktion und Bildredaktion: Carolin Küßner
Gestaltungskonzept: Gramisci Editorialdesign, München
Gestaltung und Satz: DOPPELPUNKT, Stuttgart
Produktion: Eva Schmidt
Printed in Italy / Imprimé en Italie

FSC
www.fsc.org
MIX
Papier aus verantwortungsvollen Quellen
FSC® C023164